现代生物学国家级虚拟仿真实验教学中心资助

葫芦文化丛书

植物卷

总主编/扈鲁

本卷主编/包颖

中華書局

图书在版编目（CIP）数据

葫芦文化丛书．植物卷 / 扈鲁总主编 ；包颖本卷主编．-- 北京 ：中华书局，2018.7
ISBN 978-7-101-13310-3

Ⅰ．①葫… Ⅱ．①扈… ②包… Ⅲ．①葫芦科－文化研究－中国 Ⅳ．①S642

中国版本图书馆CIP数据核字(2018)第130574号

书　　名　葫芦文化丛书（全九册）
总 主 编　扈　鲁
本卷主编　包　颖
责任编辑　刘　楠
装帧设计　杨　曦
制　　版　北京禾风雅艺图文设计有限公司
出版发行　中华书局
（北京市丰台区太平桥西里38号 100073）
http://www.zhbc.com.cn
E-mail:zhbc@zhbc.com.cn
印　　刷　艺堂印刷（天津）有限公司
版　　次　2018年7月北京第1版
2018年7月北京第1次印刷
规　　格　开本787×1092毫米　1/16
总印张155.5　总字数1570千字
国际书号　ISBN 978-7-101-13310-3
总 定 价　960.00元

《葫芦文化丛书》编委会

《植物卷》编委会

序　一

“葫芦虽小藏天地”，作为一种历史悠久、用途广泛的古老植物，葫芦也是文化内涵丰富的人文瓜果，遍布世界各地，受到各民族人民喜爱，有着漫长的文化旅程。据考古发现，在距今约1万年至9000年的秘鲁、泰国等地人们就开始种植和利用葫芦。我国河姆渡遗址发现了7000多年前的葫芦及种子，另据甲骨文中“壶”字似葫芦状推断，我国先民认识葫芦的时间起点也很早。至“郁郁文哉”的西周时期，《诗经》等典籍中已有大量关于葫芦在饮食、盛物、祭祖、敬老、婚姻、渡河等方面的记载，我国的葫芦文化初具规模。经过数千年历史演变和人文化成，葫芦的实用性与艺术性被广泛开发和应用，涉及农工渔猎商等各行生产和衣食住行婚丧嫁娶的社会生活，以及节日、信仰、娱乐、工艺、语言、故事传说等方面，成为传统文化中的吉祥物和重要的民俗事象，衍生出蔚然可观的葫芦文化。如钟敬文先生所言，葫芦“是中华文化中有丰富内涵的果实，它是一种人文瓜果，而不仅仅是一种自然瓜果”，葫芦文化是“中华民俗文化中具有一定意义的组成部分”。

“风物长宜放眼量”，由我国葫芦写意画专家与收藏名家扈鲁先生主编的九卷本《葫芦文化丛书》，以我国浩如烟海的传世典籍为基础，深入系统地挖掘整理了葫芦在种植、食用、药用、器皿、工艺及相关名称、民俗、传说等方面的历史与文化。其中仅葫芦工艺类的史料，就涵盖葫芦造型、葫芦雕刻、葫芦绘画、葫芦饰品、葫芦乐器等诸多方面，通过文学卷、器物卷、图像卷等等图文，系统地展示了传统葫芦在中国文学、绘画、音乐、工艺美术等方面承载的丰富文化内涵以及历代匠人的高超匏艺。

丛书不仅具有历史的、文化的视野，也深刻关注葫芦文化的传承与发展现实，对云南澜沧县、辽宁葫芦岛、山东东昌府等地的葫芦文化发展做出翔实纪录，结合葫芦大观园、葫芦烙画、葫芦针雕、葫芦民俗旅游村、葫芦宴等不同形式的葫芦文化传承与发展案例，全面分析各地葫芦画室、葫芦艺匠、葫芦研究、葫芦收藏、葫芦精品发展情况，深入探讨葫芦文化融入当代经济与生活的路径，葫芦于小处成为民众饮食起居所需之物，经济财富之源，信仰诉求形式等，大者则被塑造成为当地城市的文化地标、宣传品牌，有的成为社会经济产业的新兴途径、对外交流的文化名片。

这部丛书富有科学精神和人文视野，是葫芦文化研究与普及的一部力作，不仅对葫芦文化的发展历史与现实做出了全面系统的梳理和研究，也对民间文化、民间艺术的个案研究和历史研究做出了深入的探索，富有启示意义。中华文脉历久弥新，需要的正是这样磅礴而专注的努力和实践。

序言如上。不妥之处，敬请各位同仁和读者朋友指正。

潘鲁生

2018年3月29日

序　二

伴随着文明社会的发展，葫芦流布于世界各地，演化为人类生产、生活与生命信仰中的亲密朋友，用途广泛、影响久远，葫芦除了是一种自然瓜果外，还是一种人文瓜果。在中国，葫芦文化绵延数千年，是“中华民俗文化中具有一定意义的组成部分”。

在传承久远、洋洋大观的葫芦文化中，本丛书从史料、文学、器物、图像、植物、地域等角度加以梳理，采撷其粹，集结汇编，向世人展现博大精深的中华葫芦文化。谈及这套丛书的编纂，还得从我的经历说起。

我出生于《沂蒙山小调》诞生地葫芦崖脚下，从小生活在浓厚的葫芦文化氛围之中。忆及儿时，家家种葫芦，蜿蜒的藤蔓和悬垂的瓜果随处可见，传说八仙之一铁拐李的宝葫芦即采于此。又因中国古代曾称葫芦为扈鲁，遂以此为笔名，亦寓意扈姓鲁人。葫芦从开花作纽到长大成熟，不断轮回的画面在我脑海里生根发芽，缓缓流淌，生生不息。巧合而幸运的是，高中毕业后，我考取了曲阜师范大学，攻读美术专业，毕业留校工作，由于对葫芦题材花鸟画情有独钟，工作之余投入很多的精力和时间创作写意葫芦画，收藏葫芦，研究葫芦文化，参与国内外的葫芦文化活动。2007 年，创建了葫芦画社；2010 年，建立了葫芦文化博物馆；2013 年，组织成立国际葫芦文化学会；2015 年，启动了“最葫芦·葫芦文化丝路行”工程等等。这些努力赢得了业内前辈专家的认可，著名画家陈玉圃先生十分赞同我“开创‘葫芦画派’”的观点；潘天寿先生的高足、我大学时花鸟画老师杨象宪教授在看过我的写意葫芦画和葫芦收藏后欣慰地说：“从此我不再创作葫芦题材花鸟画，这个题材就交给你了”，并为我题写了“贵在坚持”四个大字，鼓励我坚持自己的葫芦题材创作方向。

为了更好地创作葫芦题材的花鸟画，了解各种葫芦的形态，如长柄葫芦到底有多长，大的葫芦到底有多大等，我开始收藏葫芦，随着葫芦藏品不断丰富，发现葫芦承载着丰厚的文化内涵，对葫芦背后的民俗文化也逐渐了解、熟悉并日渐痴迷。后来，越来越感受到葫芦文化的奥妙无穷，相比之下，自己所做的工作和取得的成绩真是沧海一粟，微不足道。同时，我认识到现实中葫芦文化在人类生产、生活和精神世界中的衰落，也是一个无法回避的重要问题，这促使我深感传承和创新优秀葫芦文化的重要性和紧迫性。为此，我曾许下弘愿，要让葫芦文化在我们这一代振兴而不是衰落，要大放光彩而不是黯然失色。这种想法一直盘桓于胸，久久难以释怀。

幸运的是，我的梦想在一次偶然的与友人相会中忽然变得触手可及。那是在2015年的初秋某日，老友叶涛教授（中国社科院研究员、中国民俗学会副会长兼秘书长）前来探访，并参观葫芦文化博物馆、葫芦画社。这次来访距离上次叶教授参观草创时期的葫芦画社已经过去了8年，参观过后，叶教授用“无比欣慰”对我8年来的成绩给予了充分肯定，并且凭着他敏锐的学术眼光和多年从事民俗文化研究的经验，一针见血地指出：葫芦文化是中华优秀传统文化的重要组成部分，古今学者名家对这一题材都有涉猎，但在全面深入、系统整理方面乏善可陈，建议由我组织编纂一套《葫芦文化丛书》，可为全面系统地研究葫芦文化奠基供料。老友一语点醒梦中人，一番高瞻远瞩的建言令所有钟爱葫芦文化者为之心动，我自然也不例外，所谓“夫子言之，于我心有戚戚焉”。当时，我就表示要做，且要做好此事。尽管如此，在许诺之后，自己的内心除了惊喜、振奋之外，更多的是一种忐忑不安，不禁扪心自问：国内有这么多葫芦研究专家，“我到底行不行？”“为什么是我？为什么不是我？”类似的疑问盘桓脑海良久，但传承与弘扬中华葫芦文化的愿望亦是心头萌生良久之物，一份为弘扬传统葫芦文化而义不容辞之责让我毅然站在新的起跑线上，担起组织编纂《葫芦文化丛书》的大业与重任。决心一下，我开始组织有关人员分头搜集与葫芦有关的资料。当年12月份，叶涛教授再次专程来到曲阜，指导丛书编写事宜，经过充分讨论、酝酿，本次会面决定从《研究卷》《史料卷》《文学卷》《器物卷》《图像卷》等几个方面来梳理资料，汇编成册。接着，我开始四处联系专家、学者，并北上京津拜访名士，横跨南北，纵贯多省，十几个城市的几十名专家出于对葫芦文化的热爱和对我的厚爱，开始陆续加入到我们这个团队中来。

2016年春节期间，热闹喜庆的气氛让我忽然想到，中国有几个地方都举办精彩纷呈的葫芦文化节，是不是再增加一卷《节庆卷》才会让这套书更完整？我顾不得春节休息，马上打电话和叶涛教授沟通汇报，他充分肯定了我的意见，觉得很有必要。但后来，深入思考后觉得由于每个地方特色各异，情况不同，在一卷里难以展现不同地域的全貌，我再次请教叶教授，最后我们决定增加《澜沧卷》《葫芦岛卷》《东昌府卷》地方三卷，以期对这三种具有地域代表性的葫芦节庆和葫芦文化做出全面深入的总结。至此，《葫芦文化丛书》已成八卷之势。这里需要特别说明的是，叶教授从策划、设计到每一卷的确定，甚至具体到章节，都付出了巨大的心血，每每是在百忙之中不辞辛劳地与我反复沟通、协商、指导，可以说，没有叶教授，就没有本套丛书，在此，我必须向叶涛教授表达最诚挚的谢意。

那个寒假，除确定了八卷本编纂任务外，我还联系中华书局，于2016年正月十四日赴北京拜访，汇报编纂方案，得到金锋主任、李肇翔先生的充分肯定，并答应由中华书局出版发行丛书。随后，我组织部分青年朋友和专家学者，撰写和论证丛书提纲，制定编纂计划，一个庞大的学术计划若隐若现，在不断的实践中渐渐成形，悠然而启。

在众多学界同仁与友人的鼎力支持下，2016年3月12日，《葫芦文化丛书》编纂工作会议在曲阜师范大学举行。会议召开前夕，在和与会专家聊天时，叶涛、张从军等教授提出，我们这套丛书尽管已经八卷，看似完备，但好像还缺少点什么，葫芦是从哪里来的，它的根在哪里？是不是还应该再从科学的角度对葫芦这个物种进行界定？闻此，我犹如醍醐灌顶，连夜联系到包颖教授，与她商讨此事，于是《植物卷》应运而生。至此，丛书九卷本的整体架构最终定型。

这次编纂工作会议开得非常成功。来自中国社科院、国家博物馆、中华书局、南开大学、山东工艺美术学院、山东建筑大学、曲阜师范大学、云南省社科院、黑龙江省文史馆等高校和科研单位的30余位专家学者，以及云南省澜沧拉祜族自治县，辽宁省葫芦岛市葫芦山庄，山东省聊城市东昌府区、济宁市和曲阜市等地的有关政府部门和社会团体负责人汇聚一堂，围绕丛书编纂工作展开研讨，都表示要力争将其做成“填补国内外葫芦文化研究的空白之作”。会上，确定了丛书编纂体例和各卷编纂成员，并由中华书局出版发行。《葫芦文化丛书》从此进入了正式编纂阶段。

在接下来的时间里，编纂团队全体成员怀着崇高的使命感，为了共同的目标不辞辛苦，竭尽心智，克服时间紧张、任务繁重、头绪杂乱等诸多困难，牺牲大量的休息时间，严格按照进度要求，执行质量标准，加强协作配合，全力推进丛书编纂工作，尤其是南开大学孟昭连教授承担了两卷的编写任务，而且孟教授接手《器物卷》较晚，其困难更是可想而知。各位专家表现出的忘我奉献精神和严谨治学品格令人钦佩。特别值得一提的是，在丛书编纂过程中，我们于2016年7月和10月在中国曲阜文化国际慢城葫芦套民俗村和聊城市东昌府区分别召开了丛书推进和审稿会议，葫芦岛市葫芦山庄将于2018年第九届国际葫芦文化节承办《葫芦文化丛书》发行仪式，有关地方政府、葫芦文化产业等都给予了积极配合和大力支持。同时，山东民俗学会等单位和个人也陆续加入到我们这个大家庭中来，让我看到在中国这片土地上复兴中国优秀传统文化的希望。在葫芦文化的感召下，丛书编纂团队同心协力，共同汇聚成一股强大的精神力量，推动着丛书编纂工作一步步扎实前行，最终如期完成，倍感欣慰。

在丛书即将付梓之际，我百感交集，感激之情无以言表，对丛书编纂过程中给予亲切指导、大力支持的各有关单位和诸位领导、专家、学者与同仁表示诚挚的感谢。感谢山东省文化厅，感谢中共澜沧县委、澜沧县人民政府，感谢中共东昌府区委、东昌府区人民政府，感谢山东省“孔子与山东文化强省战略协同创新中心”，感谢现代生物学国家级虚拟仿真实验教学中心，感谢曲阜文化国际慢城葫芦套民俗村，感谢京杭名家艺术馆杨智栋馆长，感谢辽宁葫芦山庄文化旅游集团有限公司王国林董事长，感谢山东世纪金榜科教文化股份有限公司张泉董事长，感谢聊城义珺轩葫芦博物馆贾飞馆长，感谢曲阜师范大学胡钦晓教授。感谢潘鲁生先生欣然为之作序，让本丛书增色颇多，感谢丛书的顾问刘德龙、张从军、傅永聚、叶涛等诸位先生为丛书规划设计、把关掌舵，感谢中华书局金锋、李肇翔、许旭虹等同仁对丛书出版付出的心血和大力支持，感谢孟昭连、高尚榘等我尊敬的专家教授，感谢我可亲的同事们和全国各地葫芦文化同仁朋友们，感谢我不辞辛劳的学生们和无数共举此盛事的人们，言不尽意，或有遗漏以及编纂不周之处，请诸位见谅，心中感念永存！

我是幸运的，有诸位同道师友与我一起共赴理想，描绘中华葫芦文化的绚丽多姿；我们是幸运的，身处一个伟大的时代，民族复兴的滚滚春潮孕育、催生着一朵朵梦想之花。2013 年 11 月 26 日，习近平总书记视察曲阜并对弘扬中华优秀传统文化发表重要讲话。我作为孔子家乡大学的一名从事葫芦文化研究的学者，倍感振奋、倍受鼓舞，习总书记的讲话为我的研究事业指明了前进方向，提供了根本遵循。也就是自那时起，我更加清醒地认识到肩上的使命，更加系统地思考谋划葫芦文化研究事业，进而形成了“一脉两端”整体研究格局。“一脉”即中华优秀传统文化之脉，“两端”即“向上提升”“向下深挖”；“向上提升”

就是将葫芦文化研究提升到贯彻落实习近平总书记曲阜重要讲话精神，推动中华优秀传统文化传承弘扬，为中华文化繁荣兴盛贡献力量的高度；“向下深挖”就是要扎根“民间”“民俗”“民族”的优秀传统文化，推动葫芦文化通俗化、大众化、时代化。五年后的今天，当初那颗梦想的种子已经生根发芽，吐露着新绿。我坚信，沐浴着新时代的浩荡东风，她必将傲然绽放出更加夺目的光彩！

艺术是文化之脉，文化是艺术之根——这是我从事葫芦文化研究工作的深刻领悟。一名艺术工作者只有将根基深扎在中华文化的沃壤上，其艺术创作才会厚重而不轻浮、坚定而不盲从，才会充溢着炽热而深沉的人文情怀，由内而外生发出撼人心魄的艺术力量。毫无疑问，葫芦文化研究对葫芦题材绘画创作的涵养与提升，其作用正是如此。在长期的民间探访、乡野调查、写生采风和对葫芦文化的发掘整理中，我对葫芦的形与神、意与韵、气与骨，都有了更为深切的体悟。这些慢慢累积的情感，聚于胸中，流诸笔下，使我的艺术创作更加纯粹淡然，无论是水墨的点染还是色彩的铺陈，都是我与心灵的对话，对生命的赞美，对文化的致敬。

葫芦就像一个音符，永远跳跃在我的心头。此前大半生我用尽心力去创作、收藏和研究葫芦，此后之余生亦会毅然决然地投身于葫芦文化事业之中，平生与葫芦结下的一世缘分，愈久愈深，浓不可化。九卷本《葫芦文化丛书》是一个新的起点，我会在传承与创新葫芦文化的漫漫长路上竭我所能，略尽绵薄。

是为序。

扈鲁

2018 年端午节

目　录

概述

葫芦是一年生攀援草本，花白色，又称白花葫芦；瓠果形态多样，幼嫩可食，成熟后果皮木质化，中空，不开裂，可制作容器、乐器和艺术品等，是世界性栽培作物。作为食、器两用的驯化产物，葫芦历经不同的定向选择，具有非常丰富的形态和遗传多样性。同时，作为承载人类文明的媒介，葫芦还具有非常复杂的起源和散布历史。根据葫芦的植物特性，结合当地的自然环境，采用传统与现代相结合的科学方法，葫芦种植逐渐走向高质优产，能够有效促进当地农业经济的发展。山东作为葫芦种植大省，在葫芦植物性研究方面不遗余力，曲阜师范大学生命科学学院开展了葫芦拓展研究的平台建设，有望从更深层次展开对葫芦的科学性探索。

一　葫芦的植物学分类和形态差异

葫芦（*Lagenaria siceraria* （Molina） Standl.）隶属葫芦科（Cucurbiaceae）葫芦属（*Lagenaria* Ser.）。其属名*Lagenaria*来自拉丁文“lagena”，意为平底烧瓶，而种加词*siceraria*则可能来自拉丁词“siccus”，意为干燥，特指该植物的应用部位是其成熟的干燥果实。

葫芦属内共包括6个物种，但只有葫芦1种为栽培种，其他5个种：*L. brevifilora* （Benth.） Roberty、*L. abyssinica* （Hook. f.） C. Jeffrey、

L. rufa（Gilg）C. Jeffrey、*L. sphaerica* E. Mey.和*L. guineensi*（G. Don）C. Jeffrey全部为野生种，并且都局限分布在非洲[①]。在我国，葫芦属仅有栽培葫芦1个种（即原变种*L. siceraria* var. *siceraria*）。同时，因栽培目的不同，这个种又衍生出3个变种：作为蔬菜的瓠子（*L. siceraria* var. *hispida*（Thunb.）Hara）、作为器皿和赏玩工艺品的瓠瓜（*L. siceraria* var. *depressa*（Ser.）Hara）以及作为把玩珍品的小葫芦（*L. siceraria* var. *microcarpa*（Naud.）Hara）[②]，诸变种之间的主要区别体现在瓠果的形状和大小上（见下表）。

国内葫芦各变种之间在果型上的形态差异检索表

1 果实长度小于15厘米 ………… 小葫芦（*L. siceraria* var. *microcarpa*）
1 果实长度大于15厘米 ……………………………………………………… 2
2 果实中部缢缩 ……………………… 葫芦（*L. siceraria* var. *siceraria*）
2 果实中部不缢缩 ……………………………………………………………… 3
3 果实扁球形，直径30厘米 ………… 瓠瓜（*L. siceraria* var. *depressa*）
3 果实圆柱形，长60～80厘米 …………瓠子（*L. siceraria* var. *hispida*）

尽管从植物学的角度，目前全世界的栽培葫芦仅涉及1个种，但是，由于人们对其果形多样性的不断追求，葫芦种下以复杂果形为代表的园艺品种的种类却非常丰富。通常情况下，根据瓠果大小和果实的形状，国际上葫芦园艺品种可以大致划分为三大类：长形葫芦，壶形葫芦，以及小葫芦和其他葫芦。其中，长形葫芦和壶形葫芦多为大到中型葫芦，按照形状又可进一步细分，比如带柄勺状的葫芦可以根据柄的长短和形状再分为超长柄勺状葫芦（Extra Long Handle Dipper）、长柄勺状葫芦（Long Handle

---

① Edwards S et al. *Flora of Ethiopia and Eritrea. Vol. 2. Canellaceae to Euphorbiaceae.* The National Herbarium: Uppsala University, 1995.

② 中国植物志编辑会编：《中国植物志》第73卷，中国科学出版社1986年版，第216页。

Dipper)、短柄勺状葫芦(Short Handle Dipper)和阿帕切勺状葫芦(Apache Dipper)等。中国传统的亚腰葫芦、非洲祖鲁(African Zulu)、印尼葫芦(Indonesian Bottle)、鹅颈(Goose Neck)、非洲酒壶(African wine Kettle)和祖卡(Zucca)等品种则被归入壶形葫芦类。而一些果形上比较小巧或奇特的葫芦,如小葫芦(Mini)、香蕉葫芦(Banana)、篮球葫

图1 葫芦常见品种

1.细腰八宝(63cm×32cm,此为高×宽,下同); 2.粗腰八宝(65cm×36cm); 3.罗汉葫芦(57cm×30cm); 4.粗腰短嘴罗汉葫芦(58cm×33cm); 5.三肚葫芦(53cm×24cm);6.三庭葫芦(80cm×29cm);7.娃娃葫芦(50cm×40cm);8.油锤(100cm×30cm);9.长柄葫芦(110cm×30cm);10.长嘴大葫芦(82cm×33cm);11.虎皮葫芦(66cm×30cm);12.蒜头葫芦(47cm×30cm)

芦（Basketball）、苹果葫芦（Apple）、小梨葫芦（Mini Pear）等被归入小葫芦和其他葫芦类。鉴于这些品种的名称有些是在特定文化背景或根据具体产地进行的命名，硬性翻译有些牵强，因此国内引种栽培时有时也直接采用音译，如莫兰科（Maranka）。

与国际葫芦的园艺品种类似，国内葫芦品种的名称也多根据果形命名，除了象形外，也更富文化气息，如常见的两肚葫芦被泛称为丫丫葫芦或亚腰葫芦，又有八宝、罗汉、油锤、三庭、长柄，以及一些异形的葫芦，如三肚、娃娃、蒜头等等特色名称（图1），但是，这些叫法在各地并不严格统一。

此外，葫芦果实大小差异很大。有时为了方便，会直接根据果实大小进行笼统归类，因此出现小葫芦、中号葫芦和大号葫芦等称谓。

小葫芦指个头小巧，通常果实高度在15厘米以下。在小葫芦中还有一些体形特别小的、适合在手里把玩的葫芦类型，其果实高度大多在5厘米以下。国内常见的品种有美国引进的小葫芦，常被称为美国小葫芦，果型以亚腰为主，偶见非亚腰类型（图2），高度在5厘米左右。近年来在文玩市场上流通量较大的体形较小的另外一些小亚腰葫芦，则是美国小葫芦和中国葫芦杂交的产物。这个杂交品种产量高，相比美国小葫芦，其皮质稍差，但适应性较好。中国本地也有一些小葫芦品种的体形比较小，可以达到5厘米以下的，但产量不如美国小葫芦，皮壳较好，适合把玩，上色快。在中国葫芦行业通常把以上三类小葫芦统称“手捻葫芦”，代表这些小葫芦可以直接用手把玩。但是，需要注意的是，“手捻葫芦”不是一个严格的概念，它只代表葫芦成果后果形较小的类群，因此有些时候一些个头较大的小葫芦品种，例如宫廷、白皮、不倒翁等，只要其成果的个头小到一定尺寸，品相好，有把玩价值在赏玩和交易时也会被归入手捻葫芦。

葫芦在中国文化中具有较高的地位，不论大小均可把玩，只不过小点的葫芦便于携带，可即时观赏。随身携带把玩的葫芦大体分两类，一类指在生长过程或成熟后经过加工的小范制葫芦（又称模子葫芦，就是以范迫使葫芦依照人的意愿生长成形，这其中包括作为昆虫容器的虫具葫芦），再一类则泛指不经任何加工的各类果形小巧的葫芦。

图2 美国小葫芦

中号葫芦的品种很多，通常指十几厘米至二十几厘米的葫芦。最有观赏价值的就是三庭葫芦，其他品种有粗腰酒葫芦、细腰中号八宝葫芦、粗腰中号八宝葫芦、观音虎皮葫芦等，形状上同图1，但个头要小一些。

大葫芦指超过三十厘米的葫芦。亚腰葫芦类中，粗腰的品种被统称为罗汉、娃娃葫芦或粗腰八宝等；细腰葫芦中最常见的有大三庭，俗称一把抓，还有类似三庭葫芦的长嘴、观音、细腰八宝等。长柄葫芦类则形态较为一致，以其共同的长柄为主要特色，有些超长种类，其柄部长度可以达到3米以上。

此外，葫芦品种之间不但在果型、大小等方面具有明显不同，而且在果色和外壁纹饰上也呈现出多种类型，如果皮为绿色、白色、花斑等。一些品种的葫芦在果皮外还出现肋状、疣状等各式附属物，如国外引进的非常有特色的莫兰科（Maranka，也称鹤首）和金疙瘩（Warty）等（图3）。

图3　果皮特化葫芦（左：鹤首；右：金疙瘩）

实际上，单纯从赏玩的角度，我们有时也将南瓜属（*Cucurbita*）下的一些物种统称为葫芦，例如通常我们所说的“鸡蛋葫芦”（图4左）就是一种南瓜，但和普通南瓜不同，这种南瓜具有和葫芦一样的硬壳。除鸡蛋葫芦外，有时我们也将一种外果皮具有疙瘩的南瓜称为“疙瘩葫芦”（图4右），但这种疙瘩葫芦和真正的疙瘩葫芦（图3右）显然不是一回事。

图4　南瓜葫芦（左：鸡蛋葫芦；右：疙瘩葫芦）

二　葫芦原产地和驯化方面的研究情况

同其野生亲缘种一样，葫芦一直被认为原产于非洲，但遗憾的是，有关这方面的直接证据非常少。在非洲的考古记录中，葫芦出现的历史最早只能追溯到公元前2000年[①]，在亚洲和美洲，考古发现的葫芦种子和果壳却显示：在距今9000～10000年，葫芦就已经成为驯化目标[②]。而在中国，有明确考古记录的葫芦出现在距今7000年的浙江余姚河姆渡遗址中。如此大跨度的年代差异，使葫芦的起源地一直成为困惑世人的难题。因此，找到葫芦自然分布的野生种群就成了解决这一问题的关键。事实上，在葫芦的分类历史上，寻找野生原生种的工作一直都未停止过，期间不断有不同地区的野生葫芦被先后描述，如在1932年版的《印度植物志》中就曾记载过一个名为“Tita Laoo”的野生苦葫芦变种[③]，但是，这个变种在《印度植物志》的1959年和1984年的修订版中[④]，又被重新认定为葫芦园艺品种或从栽培品种中逃逸的葫芦类型。1962年，学者Meeuse在前人研究的基础上重新对南美葫芦科植物进行了汇总和整理，结果发现，有一些葫芦标本是来自比较边远的非洲南部地区，而栽培葫芦即使逃逸也不太可能扩展到那些地区[⑤]。但是，随后，根据葫芦区系在南非的整个分布格局，学者Jeffrey在《热带东非植物志》的1978年版中提出，南非没有真正的野生葫芦分布。他的依据是南非葫芦的分布范围非常广泛，其分布地囊括了津巴布韦、马拉维、博茨瓦纳以及莫桑比克等众多国家，这种扩展的分布态势和植物野生类群占有特定分布区的分布规律非常不一致。

---

① Fagan B. *Introductory readings in archaeology*. Little, Brown, and Company, 1970.

② Erickson D L, et al. *An Asian origin for a 10,000-year-old domesticated plant in the Americas*. Proceedings of the National Academy of Sciences of the United States of America, 2005, 102 (51), 18315-18320.

③ Roxburgh W. *Descriptions of India plants. Vol. 3*. Thacker and Company, 1832.

④ Chakravarty H L. *Monograph on Indian Cucurbitaceae. Records of the Botanical Survey of India. Vol. 18*. Government of India Press, 1959.

⑤ Meeuse A D J. *The Cucurbitaceae of southern Africa*. Bothalia, 1962, 8 (1), 1-111.

1992年，学者Wilkins-Ellert在津巴布韦东部和莫桑比克接壤的戈纳雷若国家公园进行植物考察，在一个干河床附近的可乐豆木（*Colophospermum mopane*（J. Kirk ex Benth.）J. Leonard）树上，发现了一些葫芦的果实。这些果实浅绿色，带有浅白斑，长9厘米，宽8.5厘米。令人奇怪的是，该地区人迹罕至，不可能出现和栽培有关的任何植物。研究者Wilkins-Ellert将这些葫芦果实和种子带回实验室进行了继代种植，之后他将该类葫芦分别和栽培葫芦*L. siceraria*,以及津巴布韦原产的2种野生葫芦（*L. sphaerica*和*L. breviflora*）在植物形态上进行了全面比较，结果发现，不同于2种野生葫芦，此类葫芦和栽培葫芦具有更多的相似性，如均是雌雄同株、均具有须根系以及被软毛的茎和叶，均具有棕色的种皮和夜间开花的特性等。据此，学者Wilkins-Ellert推测这些来自津巴布韦的葫芦或者是以前未知的、代表驯化葫芦祖先谱系的野生葫芦，或者是来自栽培葫芦逃逸后和野生葫芦*L. sphaerica*杂交的后代谱系。

十二年后，来自同一学术团队的美国学者Decker-Waiters在前人研究的基础上，从分子生物学的角度出发，分别利用随机扩增多态性DNA标记（Random Amplified Polymorphic DNA，RAPD）和叶绿体基因序列测序两种不同的遗传水平多样性分析方法，进一步对津巴布韦有疑问的葫芦类群与其他葫芦的遗传关系进行了评价，结果无论从等位基因的相似性水平，还是系统进化的聚类关系上，均确定津巴布韦的葫芦类群和栽培葫芦的亲缘关系最近。但是，研究也证明，从遗传背景上看，该葫芦类群和栽培葫芦也不是完全相同的，二者之间仍然存在一些差异。由此，研究者推测：津巴布韦的葫芦类群有可能是栽培葫芦的野生祖先类群[①]。该发现第一次从植物自然分布的角度提供了非洲是葫芦原产地的证据。

那么，接下来的问题又出现了：非洲的葫芦是何时和如何分布到其他大陆甚至扩散到全球的呢？关于该问题，有一种观点认为，最初的扩散可

① Decker-Waiters D S, Wilkins-Ellert M. *Discovery and genetic assessment of wild bottle gourd [Lagenaria siceraria (Mol.) Standey; Cucurbitaceae] from Zimbabwe.* Economic Botany, 2004, 58(4), 501-508.

能是野生葫芦的果实随机跨海漂流的结果。实验证明，栽培葫芦在海水中漂流一个月以上，其瓠果内包含的种子仍然具有活性[①]。有研究者对美洲考古找到的葫芦壳进行了放射性碳年代测定，结果发现：葫芦作为驯化植物出现在美洲的时间可以追溯到更早的年代，即距今大约10000年[②]，此时应该是新大陆最早开始对植物进行驯化的时间，因此葫芦也常常被称为人类最早驯化的作物之一。在东亚，中国和日本的考古记录显示：葫芦最早出现在距今7000~9000年[③]。显然，这个时间段较葫芦出现在美洲的时间要稍晚，加之同亚洲葫芦相比，非洲葫芦和美洲的葫芦在形态上具有更多的相似性，因此多数学者支持美洲的葫芦是非洲葫芦跨海漂流而来的观点。

2005年，基于美洲出土葫芦壳的古DNA，美国华盛顿史密森学会的学者Erickson比较了3个叶绿体基因在美洲古葫芦和现代亚洲及非洲本地葫芦之间的序列差异，结果发现，美洲的古葫芦和亚洲的葫芦具有更近的亲缘关系。因此推测美洲的葫芦可能是在距今10000年时，由古印第安人由亚洲随船带入美洲，并作为和“狗”一样适用的“工具”早于其他粮食和牲畜被人类驯化的植物[④]。

同样根据分子数据，新西兰梅西大学的学者Clarke[⑤]等通过对2个叶绿体和5个细胞核遗传标记的直接测序，对来自亚洲、波利尼西亚和美洲的36个栽培品种的系统发育关系进行了评价，他们的研究结果显示：以波

---

① Whitaker T W, Carter G F. *Oceanic drift of gourds—experimental observations.* American Journal of Botany, 1954, 41, 697-700.

② Erickson D L, et al. *An Asian origin for a 10,000-year-old domesticated plant in the Americas.* Proceedings of the National Academy of Sciences of the United States of America, 2005, 102(51), 18315-18320.

③ Imamura K. *Prehistoric Japan: new perspectives on insular East Asia.* UCL Press, 1996.
Chang K-C. *The archaeology of ancient China.* Yale University Press, 1986.
Crawford G W. *Origins of Agriculture: An International Perspective.* Smithsonian Institution Press, 1992.

④ Clarke A C, et al. *Proceedings of the SMBE Tri-National Young Investigators' Workshop 2005. Reconstructing the origins and dispersal of the Polynesian bottle gourd (Lagenaria siceraria).* Molecular Biology and Evolution, 2006, 23(5), 893-900.

⑤ 同④.

利尼西亚为代表的大洋洲葫芦具有双起源，其中叶绿体基因标记支持其来自亚洲，而核基因标记则显示其等位基因同时具有亚洲和美洲的起源。因此，在葫芦的散布中美洲和亚洲似乎成为两个非常关键的中转地。

2014年，美国宾夕法尼亚州立大学的学者Kistler①等通过对美洲9个考古地点（Loreto Cave, Putnam Shelter, Tularosa Cave, Spring Branch Shelter, El Gigante, Alred Shelter, Quebrada Jaguay, Guila Naquitz, Little Salt Spring）出土的古葫芦和36份现代栽培和野生葫芦的广泛取样，利用86,000 bp的质体DNA片段构建了最大分支可信度（Maximum clade credibility）系统发育关系树，树图的分支结果显示，所有前哥伦布时期的葫芦在亲缘关系上更接近非洲谱系的葫芦，而不是欧亚谱系的葫芦。这个结果与之前认为的“美洲葫芦是通过亚洲被人为带入”的推论相悖，而与“美洲葫芦是由非洲野生葫芦跨海而来的漂流说”相吻合。因此，以Kistler为首的研究人员推测，新大陆的葫芦祖先可能在晚更新世，先沿内河漂流到西非海岸，然后在大西洋南纬0°~20°或北纬10°~20°之间随波漂移，按照水流的速度，应该大约在9个月后在巴西的海岸线登陆。所以，最早到达美洲的葫芦，与其说是伴人跨海而来，还不如说是最初的美洲移民在当地野生植物中发现了可用的作物并加以驯化而来，这个过程应该和其他大陆居民对葫芦的发现和驯化非常类似。这是最近的有关葫芦散布的研究结果。

三　葫芦种植及加工方法例说

在葫芦长期的驯化过程中，人们通过反复试验，不断探索，形成了许多行之有效的栽培和加工方法。这些方法在其后的文献资料选编中会有涉及。这里我们主要以山东鱼台和新疆的葫芦种植为例，详细介绍在葫芦种植及其随

---

① Kistler L, et al. *Transoceanic drift and the domestication of African bottle gourds in the Americas*. Proceedings of the National Academy of Sciences of the United States of America, 2014, 111(8), 2937-2941.

后的加工过程中采用的一些传统方法和经培育者改良后的特定方法。

（一）山东鱼台葫芦种植及加工方法

1. 普通种植法

按节气，在腊月七九或八九时，把种子晒好，到九九时把种子种入地下等待发芽。这种方法在全国很多地方都有使用。这种看似普通的土办法，实际很科学，在阳光下晒种子可以帮助种子打破休眠，促进种子萌发。同时在九九天下种，可以使厚的葫芦种皮利用土壤湿度尽快软化，早日出苗。

2. 在鱼台县流传的葫芦催芽种植法

在惊蛰前约十天进行准备。先把种子晒上两天，然后用布袋把种子收集起来，白天拴到腰间，晚上放到被子内，用身体的温度刺激种子发芽；连续三天后拿出种子，把种皮嗑开，用温水泡一晚上；再把种子取出放入布袋，置于用木头制作的“茶囤子”内。“茶囤子”类似木桶，内放紫砂大壶，周围和上部遮盖保暖的小棉被，壶里装上热水，保持几个小时的温度。每天换几次热水，约五天后部分种子就开始发根，吐出白尖，这时把种子种入地下，然后在上面用木棍扎几个三脚架，用芦苇花和麻绳制成棉被盖在三脚架上，给土地增温。在葫芦长出地面时，每天中午前后敞开芦花棉被，让葫芦苗见光，一开始每天见光约两小时，然后及时盖好。随着温度的升高，敞开见光的时间不断延长，到谷雨时节，把棉被拿掉。在鱼台地区，到谷雨时已经断霜，温度较高。此法是传统的催芽种植法。

3. 大葫芦的种植法

大葫芦首先要选种，要用健壮的种子。在初冬，先把土地深翻，让太阳照晒。清明前一个月，把羊粪数十斤翻入地下约2米。在地下一尺的中心为葫芦种植处，周围约2尺外埋上约10斤鱼，埋鱼处同时放入几斤中药渣。中药渣不仅有肥效，还可以驱虫。在九九天，把种子晒好，泡一夜种入地下，同时种四颗种子，中间一个，周围三个。待葫芦发芽到约1尺多高时，用刀子把每个葫芦藤的皮削破进行靠接，用麻扎好，数天后把多余的三棵葫芦苗藤，用刀子削断三分之一，6天内全部削断，在葫芦藤长到2米高时把麻割断。从苗期到结果要适量浇水，地不能太旱，也不能太湿。在谷雨节期间，将芝麻渣和水，放入沙缸，用油布扎好，在阳光下发酵，自制肥料。在小葫芦成形时进行疏果，留下形状较好的一个葫芦，并将果前的4~5片叶子掐掉，然后大水浇，同时把芝麻渣液浇入地里，这样结的葫芦大，皮厚硬度高。

4. 种大瓢葫芦的方法

在古代，民间有以种大瓢葫芦为业的，把大葫芦锯成大瓢，在集市上叫卖，尽管当时家家也都能种葫芦，但还是很多人去买，因为专卖葫芦的人都有独特的种植方法，可以让他们的葫芦长得个大、结实，且其壳如骨。主要秘诀是在种葫芦时，在地里施加大量的粪肥，同时将一种纳鞋底用的麻的种子在锅里煮熟，发酵后掺入基肥，之后合理控制水分，这样葫芦就会长得个大、皮厚、结实（此法由楚元彩老师提供）。

5. 小葫芦的种植方法一

拿一个空鸡蛋壳，把麦秆垛下的腐殖质与土混和好装入蛋壳约三分之一处；种入小葫芦种子；把蛋壳放入花盆中，浇水；种子发芽后，通过控水控制其生长。小葫芦长到五六片叶时进行扎架、引条。葫芦结果时选一两个果形优美的留存，其余均摘掉，过多会使蛋壳的肥效不足，出现缩果。在开花期间要注意浇水的量，保持一定的湿度即可，但不要过干，让葫芦能坐住果。水分控制要贯穿整个生长期（此法由楚元彩老师提供）。

6. 小葫芦种植法二

把鹅蛋的蛋液取出，把晒干的池塘污泥装入蛋壳三分之二处，给葫芦根留出生长空间。在立秋前约20天，用剪刀剪去小葫芦藤尖约20厘米插入蛋壳，及时浇水，放阴凉处约一周后让葫芦开始见光，开始只见早晚的阳光，中午强光避开，慢慢逐渐再见强光。到了立秋后约20天葫芦开始结果，这时候选两个较完美的小葫芦留下，其他摘去。在葫芦败花后3到5天时，用手捏一下葫芦龙头处或龙头上几厘米处以控制生长。将整个生长期的浇水控制好，干湿适度。到寒露时节，夜晚温度低，需用芦苇花做成的被子遮盖，提供较适宜的温度，加长小葫芦生长期，这样小葫芦的果实更结实。葫芦藤自然干枯后摘下果实回水数天，然后刮皮晾晒。

7. 红葫芦的种植方法

与古代文献记录不同，此法由鱼台县的一位葫芦艺人创于民国初年。将紫红眉豆和小葫芦种在一起，种植距离约20厘米，在葫芦藤和眉豆长到约六七十厘米时，在眉豆根部用刀具劈开五六厘米的长缝，葫芦藤中上部刮开两侧葫芦皮，用麻条扎好，约一周后用刀具把眉豆藤割去三分之一，两天割一次，约15~20天把麻条割断，此法成功率较低，结的葫芦紫红可爱无比。

8. “地瓜催芽炕”边种植葫芦法

在早期，鱼台地区有农民用此法种植葫芦的，这种方法是伴随地瓜催芽而出的副产品。

为给地瓜催芽，建一个3米宽、6米长的火炕，在地平面向下挖半米多深，然后挖几条长6米、宽20厘米、深20厘米的热风道，风道用大青砖垒成，上面盖20厘米土，并加盖20厘米的高粱秆或玉米秆，火炕周围垒上用砖或土制的围墙，上面排上木棍，里面放上地瓜，然后在木棍上面盖上高粱秆或玉米秆等防寒物品，火炕一头垒烧火塘，一头垒几个烟囱。葫芦则被种在墙角。在二月二龙抬头这天早上开始点火升温催芽，烧一会后，把火塘口用砖块堵住，几个烟囱也盖住，以使保温。到晚上再点火烧一会，同样把火塘和烟囱堵住。随着天气变暖，烧火的火量减少，炕上面的覆盖物逐渐敞开缝隙，让作物见光。到谷雨时节，地瓜芽开始售卖，这时葫芦藤蔓约1 米长，此时把葫芦藤顶部打掉，使葫芦早日结果。立夏后期，葫芦开始上市出售，比普通葫芦早上市近一个月。

9. 葫芦种植的管理

每年摘完葫芦，要及时清理葫芦藤，将地深翻。这时要准备鸡粪或羊粪等农家肥，把农家肥晒到半干，将有益菌放在肥中拌匀，然后用泥或塑料布盖上发酵，直到有酒糟味散出即可使用。每亩地不少于1000斤农家肥和30~50斤硫基复合肥。惊蛰前最少一周把两种肥料翻入地下，到惊蛰初期，将晒好的种子用高锰酸钾泡一夜，用纱布包好放入温箱催芽。几天后种子多数吐出白根，把催好的芽种到提前浇好的地里，上面盖上地膜，然后再用半米宽、半米高的弓棚罩上。要经常查看葫芦苗是否破土，预防膜内高温烫伤芽苗。待葫芦苗基本出齐时，逐渐打开弓棚，开始放风练苗。开始时风口敞小一些，随着苗的长大，天气温度升高，风口逐渐开大。谷雨节初期可以把弓棚去掉。还有一种种植方法是在清明节初期，用牙嗑一下晒好的葫芦种子尖，然后用温水泡一晚上，用布包好，埋入地下，上面盖上塑料布，然后罩上小弓棚，这是一种催芽方法，几天后把刚吐白芽的种子种入地下，上面盖上地膜，到清明节后期，葫芦苗基本出齐，在葫芦苗吐须上架时留苗去棵。

葫芦上架后，为保证葫芦根系能够充分生长，要人为增加土地的透气性，一般每半月要锄一遍土。葫芦喜水，但要小水勤浇，以保持一定的湿度。葫芦花败4~5天后，施氨基酸和硫基复合肥，或海藻酸和甲壳素，复合肥每亩施约15公斤，然后施氨基酸液体3公斤，或施海藻酸液体3公斤和甲壳素1公斤，每坐一茬果，要施一次肥。

10. 葫芦的整枝、打杈和疏果

在葫芦长到5~6个叶时，开始吐须发杈，这时要把杈及时打掉，然后将葫芦藤引条上架。当上架后的葫芦藤长到半架时，对主枝和分枝进行打顶，打顶后幼果前要留3~5片叶。第二种打杈方法是葫芦主枝不打顶，但分枝杈上的第一个葫芦果留4~5片叶，其余打顶，然后任意发杈生长。其后注意疏果，一般在花败后4~5天把不周正的果实摘掉，如果种大葫芦只留一个。

11. 传统杀虫及治病法

早期种植户通常采用一些传统的“土方法”对葫芦进行杀虫和防病，现列举三种：一种是利用雪水来杀灭蚜虫，该方法最为简单但是非常有效，即在冬季下雪时，收集一些雪放入酒坛等器物中，埋入地下，用时取出直接喷洒叶面。第二种则是将烟叶和水混合，浸泡约2天后，其混合液即可用于杀虫。第三种方法既能杀虫又能杀菌治病，即把艾叶晒干后放在锤布石上用木棍打成绒，然后捏成锥形，在傍晚时，用布把葫芦架罩起来，点燃艾绒，不光杀死各种害虫，还可治愈多种由真菌等引起的病害。

12. 利用农药等的病虫害防治法

葫芦苗出齐时，要及时打药以预防病虫害。这时的病害主要有摔倒病、立枯病和病毒病。摔倒病用30%噁霉灵水剂800倍液灌根，75%百菌清可湿性粉剂600倍液喷施。立枯病用45%噻菌灵悬浮剂1000倍液或50%异菌脲可湿性粉剂1000倍液喷浇茎基部，7~10天1次。病毒病用牛奶、豆浆稀释100~200倍液喷于植株上，可减弱病毒的侵染能力，用病毒A可湿性粉剂500倍液，1.5%植病灵乳剂1000倍液喷施。此病是蚜虫传播，控制蚜虫可用啶虫脒乳油1500倍喷雾。

在苗期4~5个叶到葫芦上架阶段，一般病害较轻，主要需要预防霜霉、疫病、白粉和细菌性枯萎病。霜霉、疫病、白粉三种病可用阿咪西达或百菌清喷雾，细菌性枯萎病可用中生菌素喷雾。同时该段时间，可用1.8%的阿维菌素3000倍液防治蚜虫、飞虱和红蜘蛛；用2%甲维盐3000倍液防治棉铃虫；用1.8%阿维菌素3000倍液防治美洲斑潜蝇。此外，这段时间的叶面肥也非常重要，苗齐时用天达2116，3~5个叶时用高硼、高钾和高钙的叶面肥，还要适当补充蛋白量高的叶面肥。

到葫芦上架结葫芦时，要重点防治各种病害和虫害。白粉病防治通常采用10%苯醚甲环唑水分散粒剂2000倍液、40%氟硅唑乳油8000~10000倍液、70%甲基硫菌灵可湿性粉剂1000倍液以及25%乙醚酚悬浮剂1000倍液喷雾。斑点病防治采用75%百菌清可湿粉600倍液、70%甲基硫菌灵1000倍液以及64%噁霜锰可湿性粉剂500倍液喷雾。黑斑病防治采用50%异菌脲可湿性粉剂1500倍和75%百菌清600倍液喷洒。霜霉病采用25%阿咪西达悬浮液1500倍液、68%金雷多米尔锰锌600~800倍液以及25%甲霜灵可湿性粉剂800~1000倍液喷雾。灰霉病采用40%嘧霉胺悬浮剂800~1000倍液、50%扑海因可湿性粉剂1500倍液、本霉菌生物农药500~1000倍液喷雾。细菌性角斑病采用3%中生菌素可湿性粉剂600~800倍液和20%噻唑锌悬浮剂600~1000倍液喷雾。炭疽病采用2%农抗120水剂200倍液和10%世高水分散粒剂1500倍液喷雾。菌核病采用50%凯泽（烟酰胺）水分散粒剂1200~1500倍液和50%速可灵可湿性粉剂喷雾。疫病采用72%的霜脲锰锌可湿性粉剂750倍液和60%杀毒矾可湿性粉剂600~800倍液喷雾。蔓枯病采用25%的阿咪西达悬浮液1500倍液和2.5%

适乐时悬浮剂1500倍液喷雾。病毒病采用病毒诱导剂（NS83增抗剂）100倍液诱导葫芦耐病毒，同时防止蚜虫传播。褐斑病采用10%世高水分散粒剂200倍液和72%的霜脲锰锌可湿性粉剂600~800倍液喷雾。黑星病防治采用25%扑海因可湿性粉剂1000倍液以及2%武夷霉素水剂150倍液喷雾。蚜虫防治采用10%吡虫啉粉剂1000~1500倍液和10%吡蚜酮粉剂1000~1500倍液喷雾。斑潜蝇防治采用10%吡虫啉粉剂1000~1500倍液和0.3%苦参碱水剂1500~2000倍液喷雾。白粉虱防治采用10%吡虫啉粉剂1000~1500倍液和25%噻虫嗪可湿性粉剂5000~7000倍液喷雾。棉铃虫防治采用1.8%阿维菌素乳油3000倍液和2%甲维盐3000倍液喷雾。蓟马防治采用3%啶虫脒乳油液1000~1500倍液和10%吡虫啉粉剂2000倍液等喷雾。红蜘蛛防治采用20%双甲脒乳油2000倍液和1.8%阿维菌素300倍液喷雾。

13. 葫芦品种保持

在古代，人们就有保存良种的思想，通常采用两种方法：其一可简单称为隔离法，该方法把需要留种的品种单独种植，避免周围有其他品种的葫芦出现，开花时自株对花。其二为套袋法。在葫芦花未开时，就将雌花和雄花分别用布袋套上，花开时拿下布袋对花授粉，然后再套上布袋，两天花粉完成受精后摘下，以此保证种子的纯度。

14. 葫芦采后刮皮法

其一法，寒露节后，把成熟的葫芦摘下，回水几天，将葫芦放入容器中蒸或煮，然后用竹制的刀具刮皮晾晒。晾晒时要注意温度，温度高时要遮阳。第二种方法是，葫芦在寒露节后摘下，回水，放入池塘黑泥中浸泡数天，拿出后用手把葫芦皮剥掉，然后晾晒，中午前后遮阳（此法由楚元彩老师提供）。第三种方法，葫芦在寒露节后摘下回水，放入湿麦糠中，上面用泥封住，数天后拿出，用手剥皮，然后晾晒，中午遮阳。上述三种葫芦去皮法，第一种最佳，可用于文玩葫芦，第二种和第三种是民间用于瓢葫芦的去皮法。

15. 葫芦的晾晒法

葫芦去皮后，用布条或绳子拴住，挂在竹竿或木头上，在阳光下晾晒。中午前后还要用布等进行遮阳，遮阳的目的是避免葫芦果壳在暴晒过程中开裂。晾晒时，葫芦经常会长出黑色的霉斑，需及时处理，以免出现阴皮。用布把晾晒的架子盖严，然后点燃用艾绒制成的艾球熏烤，可避免葫芦再生霉斑，减少阴皮，也能起到杀菌作用。在葫芦晾晒过程中要进行数次熏烤。

16. 葫芦晾晒、浸泡法

在葫芦晾晒到1/3干时，用小米粥浸泡一会，然后再洗干净。此法使葫芦更结实，并更耐潮湿。这种浸泡法流行于古代的黄河流域，主要用于葫芦渡，就是古时候过黄河的工具（此法由葫芦艺人付尚星提供）。

17. 缩结葫芦的制作方法

过去，缩结葫芦的制作方法很多，每个师傅都有不同的方法，现代有些缩结葫芦艺人还在使用古人的方法，但也有人采用古今结合的创新技术。葫芦缩结的最佳时间是伏天中午前后，这个时间段要让葫芦干旱，而且要大旱。具体做法是：葫芦长到约1尺长时，用手在龙头处捏一下，使供给葫芦的水分减少；然后将葫芦放到架子上面，阳光照射约半小时后拿下来用手揉搓，让葫芦更软；接着将葫芦的头反扣缩结，把葫芦放进扣中；然后再把葫芦放到架上照射，约半小时后拿下来紧扣；然后再放到架上照射，

图5　缩结葫芦

就这样反复紧扣（图5）。缩葫芦需要灵感，要做到心手一体。整个缩结需要4～5天，缩结时若遇下雨天，用油布把葫芦根部两侧约3米盖住，不要让水进入地下，根部两侧3米外挖深沟排水，还有控制好根，不让根外扎（此法由楚元彩老师提供）。

（二）新疆葫芦种植及加工方法

1. 种子处理法

选择籽粒饱满的种子放在40℃热水中快速搅拌，待水温降至约30℃时浸种12小时或用消毒液（高锰酸钾）浸泡，种子消毒后能有效防止病虫害（因新疆葫芦种子皮厚粒大，浸泡时间久了能够吸足水分，促进发芽），然后在28~30℃条件下催芽，5~7天出芽，不催芽直接播种也可以，但出苗时间会延长。

2. 种植管理

温棚苗床先浇水，播种后用土完全覆盖种子，然后再淋一遍水。苗龄30~40天，幼苗长出3~4片叶后，适当通风，让苗能够适应下地后的环境温度。选晴朗无风的时间进行下地移栽。选择排水良好、土质肥沃和有灌溉条件的土地，忌选用种植过棉花和西瓜的土地。整地：挖沟起垄（沟的深度在50厘米，宽度在90厘米最佳），挖沟起来的垄要及时镇压保墒（土被压密实后水分不会流失太快）。用自做的挖坑器挖一个小坑，把小坑里灌满水，等水渗干后把葫芦苗放进去，然后再次浇水，用手在葫芦苗处捧起一个土堆（即用土完全把葫芦苗盖起来），第二天把土堆扒开浇水，再次垄起土堆，直到7天后葫芦根系长好。新疆地区气候干燥，光照时间长，水分流失过快，如上做法可以更好地保持土壤的湿度。也可用地膜代替堆土。葫芦根系发达，入土较深，主要根群分布在20~40厘米的土层中，根系横向扩展范围较大，种植时应选择土层深厚、土壤肥沃、保肥能力强且易排水的土壤栽种，葫芦下地移栽前每亩施农家肥（牛羊粪）约1000多斤和二胺约100斤作为底肥，新疆葫芦种植株距一米半，行距三米半，亩栽180株左右（图6）。

当葫芦秧长至80厘米左右，准备上架的时候，把葫芦秧最底部的叶子去掉。用铁锹在根部挖小沟或划开地面，用湿土埋上30厘米左右的葫芦

图6 新疆葫芦种植

秧，这样能让根系更发达，也能有效减少病虫害。当被湿土掩埋的葫芦秧再次长到约4~5厘米时，进行追肥。在高畦内挖洞或浅沟，亩追施腐熟鸡粪或其他农家肥500公斤或豆饼油渣500公斤。覆沟后浇水，葫芦地不能将水直接浇在葫芦苗上，而是先浇到旁边的水沟里，让水逐渐渗入。花期一般不浇水，促其顺利坐果。坐果后要及时追肥并浇水。此后在果实生长期要对水分进行调控，水分不足葫芦生长不良，土壤湿度过大葫芦也长不好，因此暴雨过后要及时排水，防止积水。此外，在葫芦的幼苗、坐果前和坐果后期，至少要深耕除草两遍，要求耕深、耕细、耕透以促进发根旺长。在葫芦甩秧后还要及时用绳子或布条引秧上架，上架后主秧长到1米左右时要掐尖促进发杈。绑秧时可将无用的侧枝及枯黄老叶子剪掉，以改善内部通风透光条件。

3. 病虫害防治

在新疆葫芦生长期间，主要病虫害有白粉病、病毒病和蚜虫危害等，可用800倍多菌灵或600倍粉锈宁喷施叶面防治白粉病；用20%的500倍病毒

A防治病毒病；用40%的乐果乳油800~1000倍防治蚜虫。保证葫芦秧及葫芦架之间通风好，也可减少病虫害。

4. 葫芦采摘

新疆葫芦果实生长期为130天左右，在保证葫芦正常生长的情况下，可以根据不同需求分批采摘，本着“宁晚勿早”的原则。采摘时间一般在寒露和霜降之间，就新疆而言，每年10月中旬采摘最佳。此时葫芦秧已自然干枯，用剪刀将葫芦连带部分葫芦秧一并剪下，保留葫芦秧是为了便于以后修整龙头，此时葫芦的颜色为青白色。采摘后如果没有黑色霉斑和阴皮的话，在阴凉通风处放置10天左右即可打皮（目的是使其稍微木质化）（图7）。

图7　新疆葫芦采收

5. 采后加工

葫芦表面的绿皮，必须刮掉。以前用竹片，也可用小刀背面、钢制格尺，现在用的是自做的高速电动铁刷子。

打皮时要用力，一定要把最外层非木质化部分刮掉，不然干后会有细密的黑印，以后很难去掉。同时，打皮时要从上到下，每一下都要排列紧密，不要横竖交叉，且最好一次完成，间歇之后皮色容易变异。打完皮，要在清水中用钢丝球再仔细擦洗，之后捞出用清水冲净，于阴凉通风处晾晒。晾晒过程中也可适当晒太阳，但要经常变换方向，以免偏色。3~5天后，拿起葫芦不断拍打或摇晃，直到葫芦瓤干透，能够听到葫芦籽和瓤脱离的哗哗响声。然后再继续晾晒几天保证葫芦彻底干透。

四　曲阜师范大学葫芦拓展研究的平台建设

与其他重要的农作物不同，葫芦在作为蔬菜和器具的同时，本身被赋予更多的文化内涵。因此，在其发生、发展的过程中，葫芦更是和各地的宗教、民俗以及历史紧密相连，成为特定的文化载体。在我国，葫芦文化源远流长，以“葫芦”为主题的诗、词、歌、赋以及民间传说不胜枚举。作为一个一万年前才被驯化的物种，葫芦在人类社会、经济以及文化方面的综合影响力显然是非常惊人的。此外，单纯从植物的角度，葫芦的生态适应性之广，果实大小和果型变异幅度之大，代谢化合物之复杂等等也同样是其他驯化作物无法比拟的。尽管葫芦被公认为是一种重要的驯化作物，但非常遗憾，从专业的角度，目前国内外对这种植物的研究非常有限。例如，仅有的研究多停留在质体分子序列的获取和简单遗传标记的比较上，对葫芦果型变异的遗传内因缺乏必要的了解；在栽培方面还缺乏系统性和有序性。这种现状不但影响了我们对葫芦这种作物的技术改良，而且也严重阻碍了我国葫芦产业的可持续发展。

山东是葫芦种植大省，地理优势得天独厚，葫芦文化更是深入人心。山东曲阜师范大学在整合现有植物标本馆、分子实验室、组培室、植物温室以及弘扬植物文化的葫芦画室等多种资源的前提条件下（图8），和山东聊城、鱼台，辽宁葫芦岛，云南澜沧以及新疆等多地葫芦种植基地开展广泛合作，同时依托生命科学学院国家级现代生物学虚拟仿真实验教学中心，开展了“葫芦形态、解剖观察和种植过程等仿真实验”等项目的软件开发、硬件建设和实际分子生物学中揭示果型变异机制的试验和实践操作，力争建成以葫芦研究为鲜明特色的、集实践协作和远程操控于一体的、面向全国同行开放的新型、现代的实验基地和网络共享平台。该平台的建设有望从更深层次的角度开展对葫芦的研究，为葫芦品种的遗传育种和品质提升提供了更为必要的技术支撑和实践指导。

图8　曲阜师范大学葫芦研究中心

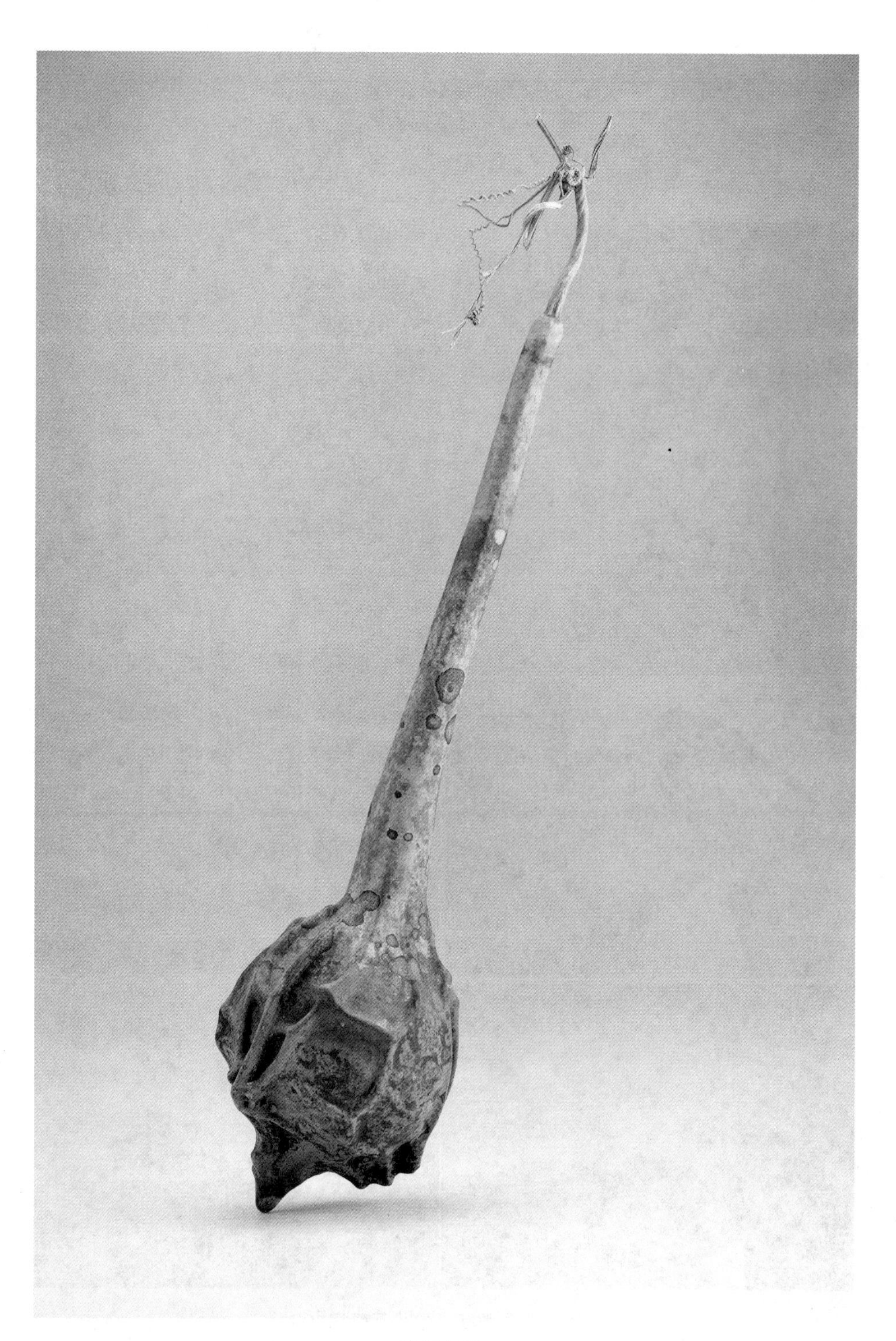

翡翠葫芦

壹

葫芦属植物志文献内容选编

《安徽植物志》中关于葫芦的描述

葫芦属 Lagenaria Ser.

草质藤本；全体被粘毛。卷须粗壮，分2歧后卷曲。叶柄顶端两侧各有一个腺体；叶片卵状心形或肾状圆形。花单性，雌雄同株，单生，白色，极易凋谢。雄花具花梗；花萼筒狭钟状或漏斗状，裂片5，小；花冠裂片5，长圆状倒卵形；雄蕊3，花丝离生，花药靠合，1枚1室，2枚2室，药室折曲，药隔不伸出；退化雌蕊腺体状；雌花花梗较短；花萼筒杯状，萼片和花冠同雄花；子房倒卵形、圆柱状或中间缢缩，花柱短，柱头3，2浅裂。果实形状多样，嫩时肉质可食，成熟后果皮硬木质。种子多数，倒卵形，扁，边缘多少拱起，顶端截形。

约6种，主要分布于非洲热带地区。我国栽培1种3变种。本省也有。

分种检索表

1. 果实葫芦状，顶端较大，基部较小，中间稍缢缩。

2. 果大型，长达10厘米以上 ………………………… (1) 葫芦L. siceraria

2. 果小型，长不到10厘米，中部缢缩明显 (1) a 小葫芦L. siceraria var. microcarpa

1. 果实圆柱形或扁球形。

3. 果实圆柱形，直或稍弯曲 ……… （1）b 瓠子 L. siceraria var. hispida

3. 果实扁球形 ……………………………… （1）c 匏瓜 L. siceraria var. depressa

（1）**葫芦**（图1552）

Lagenaria siceraria（Molina）Standl.

一年生攀援草本。茎、枝具细棱槽，初被粘质长柔毛，后渐脱落，变近无毛。叶柄纤细，长6.5~8.5厘米，被粘质长柔毛，顶端有2腺体；叶片质柔软，卵状心形或肾状卵形，长8.5~11厘米，宽10~15厘米，不分裂或3~5浅裂，叶脉掌状，先端锐尖，边缘有不规则齿，叶基心形，宽2.5~5厘米，深2~2.5厘米，两面均被微柔毛，背面更甚。雌雄同株；雄花花梗细，长15厘米左右；花萼筒漏斗状，长8~10毫米，裂片5，披针形，5~7毫米；花冠白色，裂片皱波状，长3~4厘米，宽2~3厘米；雄蕊3，花丝长3~4毫米，花药长8~10毫米，长圆形，药室折曲；雌花花梗长4~13厘米，密被长柔毛；花萼花冠同雄花；子房倒卵形，密被粘质长柔毛，花柱短，柱头3，膨大，2裂。瓠果形状多样，常中部稍缢细，顶端膨大，幼嫩时青绿色，后渐变绿白色，果皮完全木质化后为浅黄褐色；种子多数，白色，倒卵形或长圆形，顶端截形或2齿裂。花、果期为夏秋。

本省和全国各地均有栽培，尤其是淮北地区农家普遍栽培。亦广泛栽培于世界热带到温带地区。

果幼嫩时作蔬菜，成熟后外壳木质化，中空，可作容器或水瓢；也可药用，有利水消肿之功效。

（1）a **小葫芦** 药葫（变种）（图1553）

Lagenaria siceraria（Molina）Standl. var. **microcarpa**（Naud.）Hara

本变种与原种的主要区别在于株型较小，结实较多，果实小型，长不到10厘米，中部缢缩明显。

本省和全国各地均有零星栽培。

果实药用，有利水消肿功能；成熟果实可作观赏品。

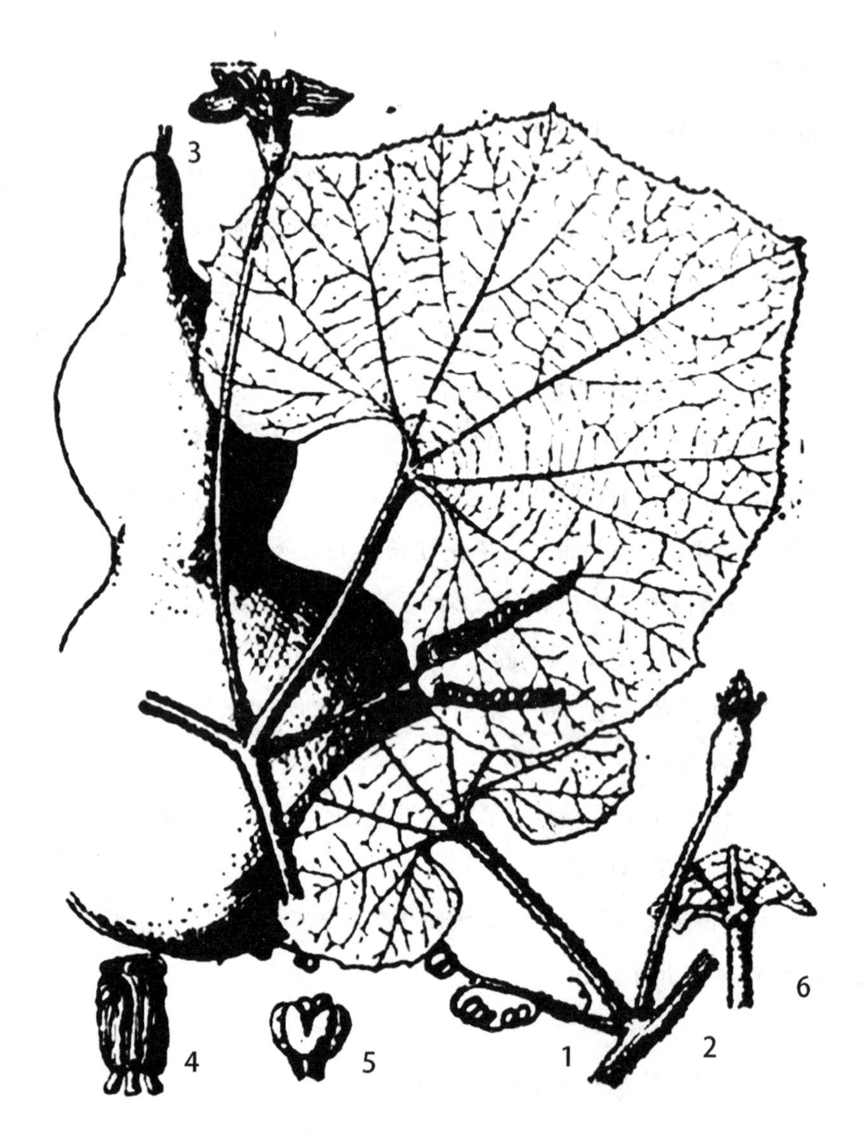

图1552 葫芦
1.2.枝条；3.果实；4.雄蕊；5.柱头；6.叶柄顶端示腺体（《安志》原图，邹贤桂绘）

图1553 小葫芦、花、果枝
（《安志》原图，邹贤桂绘）

图1554 瓠子
（《安志》原图，邹贤桂绘）

（1）b **瓠子**（变种）（图1554）

Lagenaria siceraria（Molina）Standl. var. **hispida**（Thunb.）Hara

本变种与原种的区别在于子房圆柱状，果实粗细匀称，直或稍弓曲，长可达60~80厘米，浅绿色，果肉白色。

本省和全国各地均有栽培，尤其是长江流域地区，为夏季主要蔬菜之一。

（1）c **匏瓜** 瓢瓜（变种）

Lagenaria siceraria（Molina）Standl. var. **depressa**（Ser.）Hara

本变种与原种区别在于匏果扁球形，直径约30厘米。

本省北部和全国各地有零星栽培。

果幼嫩时作蔬菜，老熟后作水瓢或容器；果皮晒干入药，有利水消肿功能。

（选自《安徽植物志》协作组编：《安徽植物志》第3卷，
中国展望出版社1990年）

《北京植物志》中关于葫芦的描述

葫芦属 Lagenaria Ser.

一年生攀援草本。卷须2裂。叶卵形、圆形或心状卵形，互生；叶柄顶端有2腺体。花单性，雌雄同株，叶腋单生，白色；雄花花托漏斗状或钟状；花萼5裂；花冠5全裂；雄蕊3，花药常结合成头状，药室不规则折曲；子房长椭圆形，中间缢细或圆柱状；花柱短，柱头3，2裂，胚珠多数。果实有各种形状，不开裂，成熟后果壳变硬；种子扁平，白色。

本属仅1种，有数变种。我国各地常有栽培。北京1种，3变种。

1. 葫芦（图1133）

Lagenaria siceraria（Molina）Standl. in Publ. Field. Mus. Nat. Hist. Bot. Ser. 3: 435. 1930 — *Cucurbita siceraria* Molina — *Cucurbita lagenaria* L. — *L. vulgaris* Ser. — *L. leucantha* Rusby

一年生攀援草本。茎生软粘毛，卷须分2叉。叶柄顶端有2腺体；叶片心状卵形或肾圆形，长宽均为10~35厘米，不分裂或稍浅裂，边缘有小尖齿，两面均被柔毛。花白色，单生，花梗长；雄花花托漏斗状，长约2厘米；花萼裂片披针形，长3毫米，花冠裂片皱波状，被柔毛或粘毛，长3~4厘米；雄蕊3，药室不规则折曲；雌花子房中间缢细，密生软粘毛；花柱粗

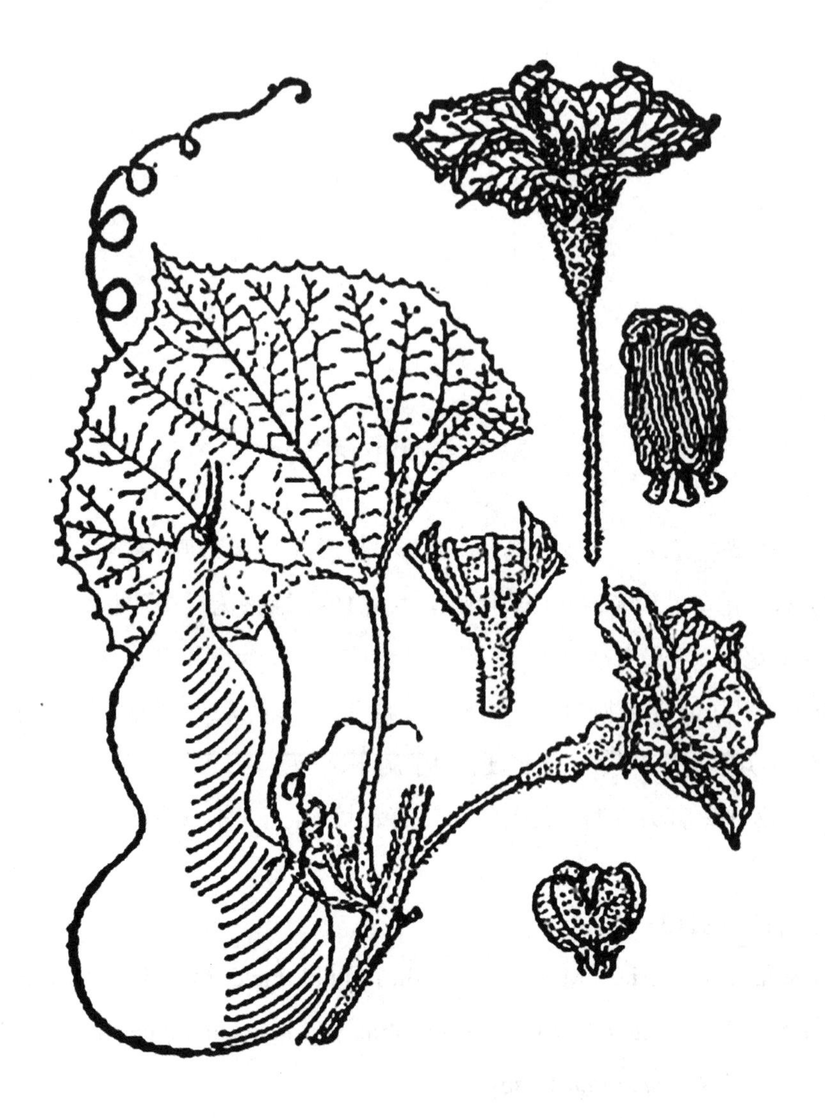

图1133 葫芦 Lagenaria siceraria

短，柱头3，膨大，2裂。瓠果大，中间缢细，下部和上部膨大，长数十厘米，成熟后果皮变木质；种子白色。花期6~7月，果期8~9月。

广泛分布于世界热带到温带地区。我国各地有栽培。

瓠果成熟后果皮木质而硬，可作各种容器；果皮、种子入药，能利尿、消肿、散结；种子油可制肥皂。

变种1a．瓠子 扁蒲

var. **hispida**（Thunb.）Hara in Tokyo. Bot. Mag. 61: 5. 1948—*L. leucantha* var. *hispida*（Thunb.）Nakai—*L. leucantha* var. *clavata* Makino

本变种子房圆柱形；果粗细匀称而成圆柱形，通直或稍呈弧形，长40~60厘米，白色，果肉白色。

我国各地和北京有栽培。

嫩时柔软多汁，作蔬菜食用。

变种1b．小葫芦

var. **microcarpa**（Naud.）Hara. in Tokyo. Bot. Mag. 61: 5. 1948—*L. leucantha*（Duch.） Rusby var. *microcarpa*（Naud.） Nakai

本变种植株较细弱，结实较多；果形似葫芦，中部缢细，一般长仅10厘米。

我国各地有栽培。

果可入药，种子油可制肥皂；亦可供观赏。

变种1c．瓠瓜

var. **depressa**（Ser.）Hara. in Tokyo Bot. Mag.61:5. 1948—*L. leucantha* var. *depressa* Makino

本变种果实扁球形，直径约30厘米，果皮厚，木质化。

我国各地和北京有栽培。果皮可制作水瓢或容器。

（选自北京师范大学生物系，贺士元、邢其华、尹祖棠、江先甫：《北京植物志》下册，北京出版社1984年）

《贵州植物志》中关于葫芦的描述

葫芦属 Lagenaria Ser.

攀援草本。卷须分2叉。叶片心状卵形或肾状圆形；叶柄长，顶端有2个腺体。花白色，单性，雌雄同株，单生于叶腋，易凋萎；花萼管漏斗形或狭钟形。萼裂片5；花瓣5；雄蕊3，花丝分离，花药靠合，药室折曲；子房长椭圆形或中间缢缩，花柱短，柱头3，2浅裂。果形各式，成熟时外壳变硬。种子多数，扁平，边缘有棱槽。

本属有6种。产非洲热带地区。我国、我省栽培有1种3变种。

1. **葫芦**（本草纲目）图版228: 6

Lagenaria siceraria（Molina） Standl., Publ. Field. Mus. Nat. Hist. Chicago Bot. Ser. 3: 435. 1930; 中国高等植物图鉴4: 364, 图6142.1975.—*Cucurbita siceraria* Molina, Sagg. Chile: 133. 1782.

1a. **葫芦**（原变种）

Lagenaria siceraria（Molina） Standl. var. **siceraria**

一年生攀援草质藤本，地上部分几乎都被软粘毛和柔毛；茎粗壮，具棱槽；卷须分2叉。叶片心形、卵形、近圆形或五角形，长宽均约为10~30厘米，先端极尖或钝，基部阔心形，不分裂或3~5浅裂，边缘有小齿；叶柄和叶片几等长，圆柱形，顶端有2个腺体；花单性，白色，雌雄同株，单生于叶腋，花梗长；雄花：花萼管漏斗状，长约2.5厘米，萼裂片披针形；花瓣长3~4厘米，宽2~3厘米，皱波状，有脉纹5条，顶端微缺，具短尖头；雄蕊3，药室粘合，1枚1室，2枚2室，不规则折曲；雌花：花萼裂片和花冠似雄花，子房椭圆形，中间缢细，花柱粗短，柱头3，膨大，2裂。瓠果大型，长几十厘米，中间缢细，下部比上部大，葫芦状，成熟后果皮变木质，光滑无毛。种子多数，白色，倒卵状椭圆形，顶端平截或具2裂齿。花期6~7月，果期7~8月。

各地都有栽培。广布于世界热带到温带地区。

幼果为重要蔬菜，老熟后果皮木质化变硬，可作各种容器，亦可入药。

1b. **瓠子**（唐本草）（变种） 图版228:1—5

Lagenaria siceraria（Molina） Standl. var. **hispida**（Thunb.） Hara in Bot. Mag. Tokyo 61: 5.1948;中国高等植物图鉴4: 365, 图6143. 1975.—*Cucurbita hispida* Thunb. in Nov. Act. Reg. Soc. Sci. Upsal 4: 33. 38. 1783.

不同于原变种是子房圆柱形；果实长圆柱状，直或稍弯。

我省也广为栽培，嫩果是重要蔬菜。

1c. **小葫芦**（中国高等植物图鉴）（变种）

Lagenaria siceraria（Molina） Standl. var. **microcarpa**（Naud.） Hara in Bot. Mag. Tokyo 61: 5. 1948;中国高等植物图鉴4: 365, 图6144. 1975. —*Lagenaria microcarpa* Naud. in Rev. Hort. Ser. 4, 4: 65. col. 1855.

和原变种的区别在于：植株结果较多，形状虽也似葫芦，但小得多，长仅10厘米左右。

各地偶有栽培，可供观赏；果实入药，能利水消肿；种子榨油可制肥皂。

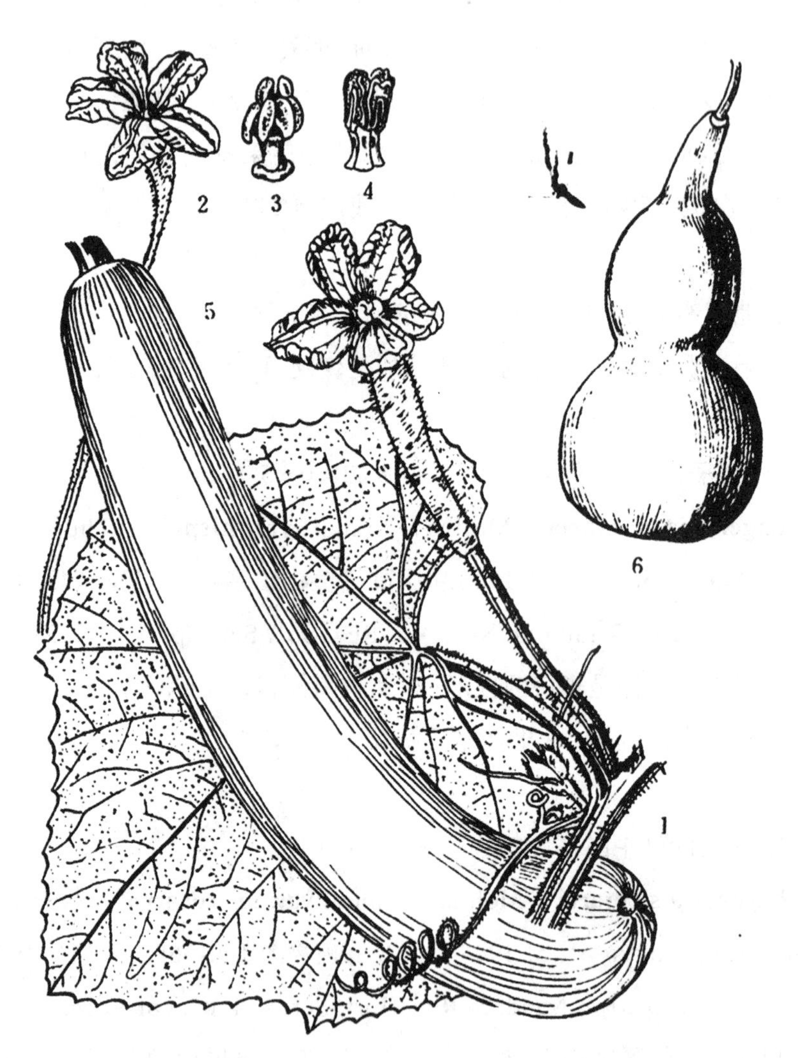

图版228 1—5. 瓠子 Lagenaria siceraria (Molina) Standl. var. hispida (Thunb.) Hara
1.雌花枝；2.雄花；3.花柱和柱头；4.雄蕊；5.果。6.葫芦 Lagenaria siceraria(Molina) Standl.：果

1d. **瓠瓜**（中国高等植物图鉴）（变种）

Lagenaria siceraria（Molina）Standl. var. **depressa**（Ser.）Hara in Bot. Mag. Tokyo 61: 5. 1948;中国高等植物图鉴4: 365. 1975. —*L. vulgaris* var. *depressa* Ser. in DC. Prodr. 3: 299. 1828.

不同于原变种在于：果实为扁球形，直径约20厘米。

省内各地偶尔栽培。嫩果可当蔬菜，老熟后可作瓢用。

（选自贵州植物志编委会编：《贵州植物志》第7卷，
四川民族出版社1989年）

《河北植物志》中关于葫芦的描述

葫芦属 Lagenaria Ser.

一年生，粗壮，草质藤本；被柔毛；卷须2分枝。叶卵形至圆形；叶柄顶端有腺体2个。花单性同株，大，全部单生，白色，极易凋谢，雄花具长梗，雌花具短梗；雄花花萼管漏斗状或近钟状；裂片5，极狭；花瓣5片，分离，全缘；雄蕊3枚，着生于萼管上，花丝分离，花药粘合，但不合生，1枚1室，其他的2室，药室蜿蜒状；退化雌蕊成为腺体；雌花的子房长或短，有3个2裂的柱头。果的大小和形状多样，成熟时果实硬木质。

6种，产东半球热带地区。我国1种。河北1种。

1. **葫芦**（图1583）

Lagenaria siceraria（Molina）Standl. Publ. Field Mus. Nat. Hist Bot. Ser.3: 435.1930; 中国高等植物图鉴4: 364. 图6142. 1975.

攀援草本，茎生软粘毛。卷须分2叉，叶柄顶端有2腺体；叶片心状卵形或肾状卵形，长宽约10~35厘米，不分裂或稍浅裂，边缘有小齿。雌雄同株；花白色，单生，花梗长；雄花花托漏斗状，长约2厘米；花萼裂片披针形，长3毫米；花冠裂片皱波状，被柔毛或粘毛，长3~4厘米，宽2~3厘米；雄蕊3，药室不规则折曲；雌花花萼和花冠似雄花；子房中间缢细，密生软

图1583 葫芦 Lagenaria siceraria

粘毛，花柱粗短，柱头3，膨大，2裂。瓠果大，中间缢细，下部和上部膨大，下部大于上部，长数10厘米，成熟后果皮变木质；种子白色。花期8~9月。

广布世界热带到温带地区。我国各地栽培。河北、北京、天津均有栽培。

瓠果熟后可作各种容器。也可用药。

在栽培上根据果实形态、大小的不同，又可分为大葫芦、小葫芦以及瓠子等栽培变种。

（选自河北植物志编辑委员会：《河北植物志》第2卷，河北科学技术出版社1989年）

《黑龙江省植物志》中关于葫芦的描述

葫芦属 Lagenaria Ser.

Ser. Mèn. Soc. Phys. Genève 3(1): t. 2. 1825.

攀援草本；茎较粗，分枝，有软毛；卷须2裂。叶具长柄，叶柄顶端有2腺体；叶片卵形、圆形或心状卵形。花单性，雌雄同株，单生叶腋；雄花花梗较长，花托漏斗状或稍呈钟状；花萼5裂，花冠5全裂，裂片离生，倒卵形；雄蕊5，2对合生，另1分离，药室不规则折曲；雌蕊花萼、花瓣与雄花相似；子房长椭圆形，中间缢细或圆柱形，花柱短，柱头3，2裂，胚珠多数，胎座3，直立。果实大，有多种形状，不开裂，成熟后外壳变硬。种子多数，白色，卵状矩圆形，扁平，边缘有棱槽。

本属模式种：**葫芦Lagenaria siceraria**（Molina） Standl.

全属有6种，产于热带地区。我国有1种，3变种，各地广为栽培。黑龙江省也有栽培。

1. **葫芦**　壶卢（中国高等植物图鉴） 图版109

Lagenaria siceraria（Molina） Standl. in Publ. Field Mus. Nat. Hist. Bot. Ser. 3: 435, 1930; 中国高等植物图鉴4: 364. 图6142. 1975; 辽

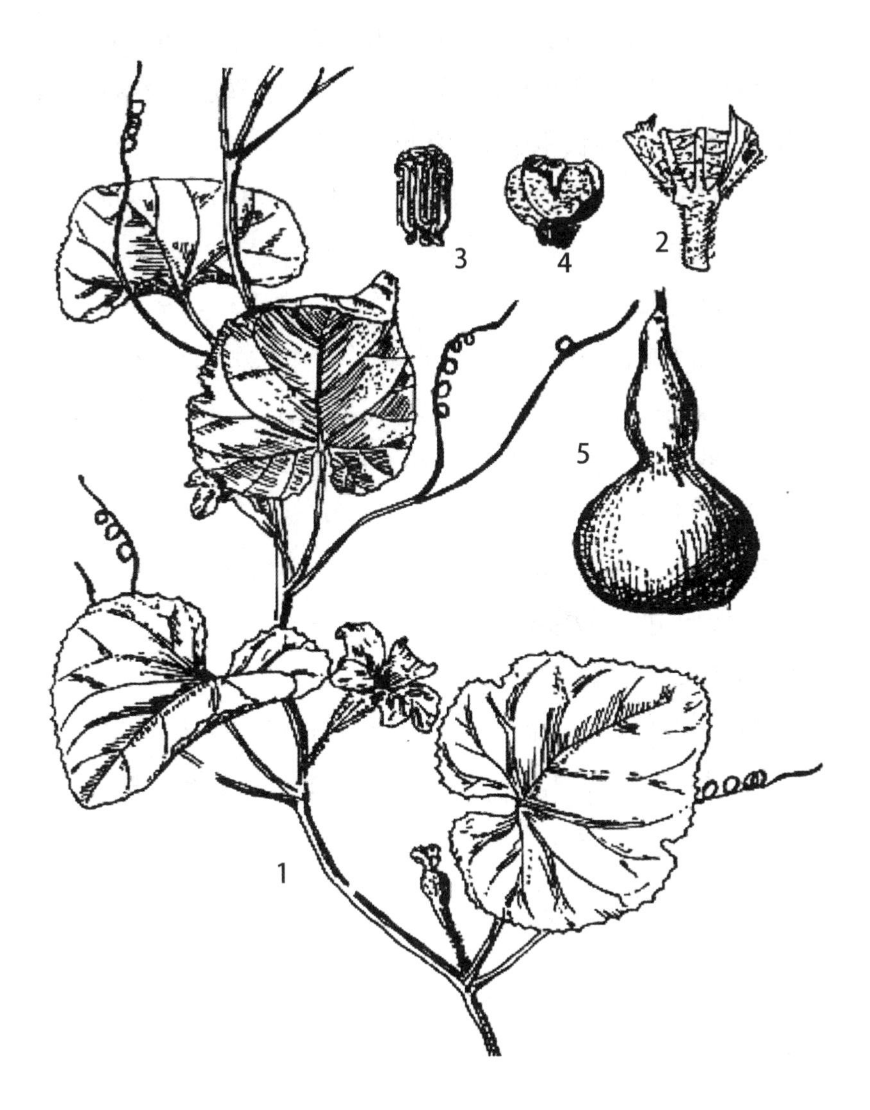

图版109 葫芦 Lagenaria siceraria (Molina) Standl.
1.植株一部分；2.示叶背侧棱和毛；3.雄蕊；4.雌花柱头；5.果实

宁植物志1: 1212. 1988; 黑龙江省植物检索表210.1990; 东北植物检索表433. 版图215. 图1. 1995. —*Cucurbita siceraria* Molina Sagg. Chil. 133. 1782.—*Lagenaria vulgaris* Ser. in DC. Prodr. 3: 299. 1828.

形态特征 一年生攀援草本，茎较粗壮，密生长软毛；卷须2分叉。叶柄顶端有2腺体；叶片心状卵形或肾状卵形，长宽均10~35厘米，不分裂或稍浅裂，边缘有小齿，两面均被柔毛。雌雄同株，花白色，单生叶腋，花梗长；雄花花托漏斗状，长约2厘米，花萼裂片披针形，长3毫米，花冠裂片皱波状，被柔毛或粘毛，长3~4厘米，宽2~3厘米；雄蕊3，药室不规则折曲；雌花花萼、花冠与雄花相似，子房中间缢细，密生软粘毛，花柱粗短，柱头3，膨大，2裂。瓠果大，中间缢细，下部和上部膨大，下部大于上部，长数十厘米，成熟后果皮变木质；种子白色倒卵状长椭圆形，长约1.5厘米。花期6~7月，果期8~10月。

主要描述标本 无标本号。

分布 原产于印度，我国各地有栽培。

生境及繁殖法 栽培。种子繁殖。

经济价值 成熟果实的果皮木质坚硬，可作各种容器。果皮、种子入药，具利尿、消肿、散结作用，主治水肿、腹水、淋巴结结核。果皮嫩时可作蔬菜，种子含油可供制肥皂。

变化 本种在黑龙江省有3个变种。

1a. **匏瓜**（中国高等植物图鉴） 图版110

var. depressa （Ser.） Hara in Bot. Mag. Tokyo 61: 5. 1948; 中国高等植物图鉴4: 365. 1975; 辽宁植物志1: 1212. 1988; 黑龙江省植物检索表211. 1990; 东北植物检索表433. 1995. —*L. vulgaris* var. *depressa* Ser. in DC. Prodr. 3: 299. 1828.

形态特征 与原种主要区别为植株粗壮；果实扁球形或广卵形，直径达30厘米，果皮较厚，成熟后木质。

主要描述标本 无标本号。

图版110 匏瓜 Lagenaria siceraria (Molina) Standl. var. depressa (Ser.) Hara
1.果枝；2.雄花；3.雄蕊；4.雌花柱头

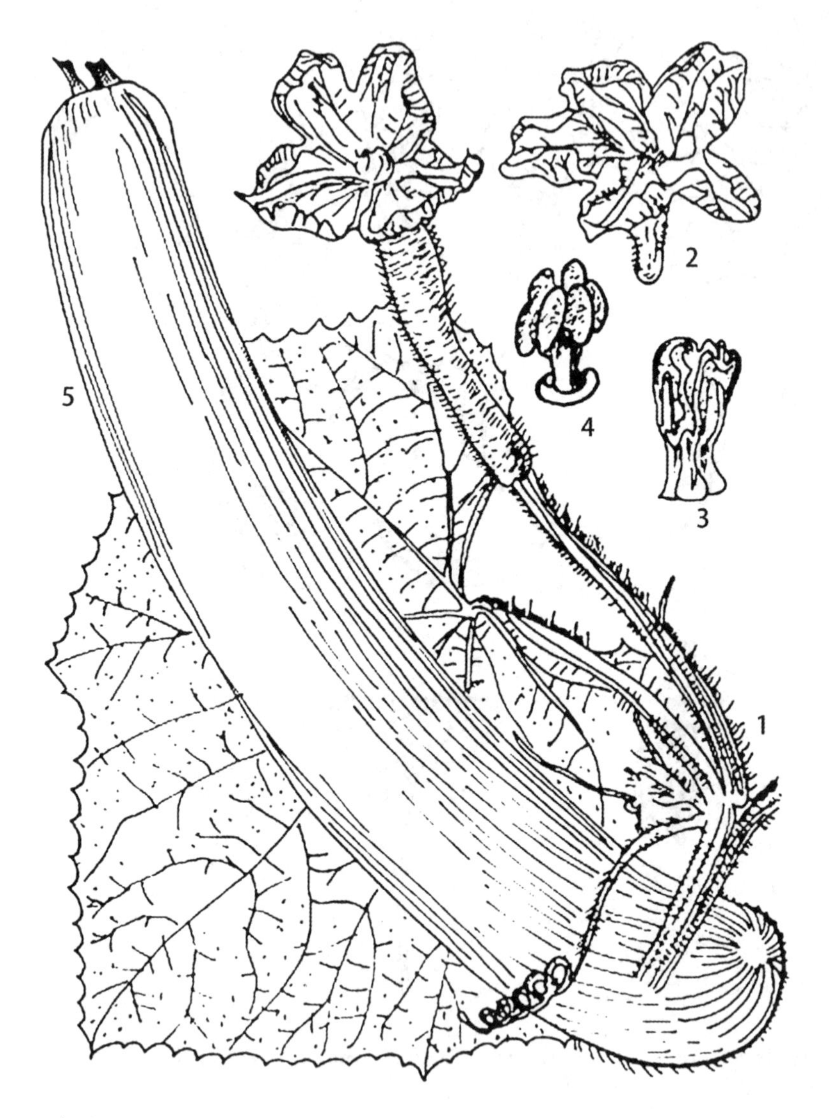

图版111 瓠子 Lagenaria siceraria (Molina) Standl. var. hispida (Thunb.) Hara
1.幼果枝；2.雄花；3.雄蕊；4.雌花柱头；5.果实

分布 我国各地普遍栽培。

生境及繁殖法 栽培。种子繁殖。

经济价值 可作水瓢。

1b. **瓠子**（中国高等植物图鉴） 图版111

var. hispida （Thunb.） Hara in Bot. Mag. Tokyo 61: 5. 1948; 中国高等植物图鉴4: 365. 图6143. 1975; 辽宁植物志1: 1212. 1988; 东北植物检索表433. 1995.—*Cucurbita hispida* Thunb. in Nov. Act. Reg. Soc. Sci. Ups. 4: 33, 38. 1783.

形态特征 与原种主要区别为子房圆柱形；果实粗细均匀而呈圆柱形，直或稍弯曲，长60~80厘米，绿白色，果肉白色。

主要描述标本 无标本号。

分布 我国各地普遍栽培。

生境及繁殖法 栽培。种子繁殖。

经济价值 果实嫩时柔软多汁，可作蔬菜。

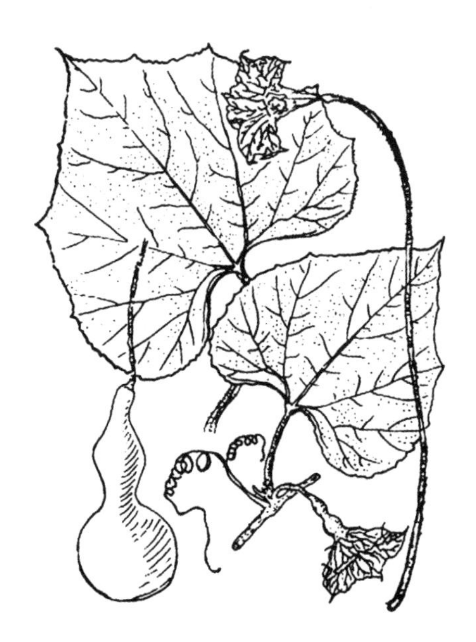

图版112 小葫芦 Lagenaria siceraria (Molina) var. microcarpa (Naud.) Hara

1c. **小葫芦**（中国高等植物图鉴） 图版112

var. microcarpa （Naud.） Hara in Bot. Mag. Tokyo 61: 5. 1948; 中国高等植物图鉴4: 365.图6144. 1975; 辽宁植物志1: 1212. 1988; 黑龙江省植物检索表211. 1990; 东北植物检索表433. 1995. —*L. microcarpa* Naud. in Rev. Hort. Ser. 4（4）: 65. tab. col. 1855.

形态特征 与原种主要区别为植株细弱；结实较多，果实形状虽似葫芦，但是较小，长仅约10厘米。

主要描述标本 无标本号。

（选自石福臣主编：《黑龙江省植物志》第7卷，东北林业大学出版社2003年）

《河南植物志》中关于葫芦的描述

葫芦属 Lagenaria Ser.

一年生攀援草本。植株被粘毛，卷须2分叉。叶柄顶端有1对腺体；叶片圆形或卵状心形。雌雄同株，花单生，白色；雄花花萼狭钟状或漏斗状，裂片5个，小；花冠裂片5个，长圆状倒卵形；雄蕊3个，花丝离生，花药稍靠合，1个1室，2个2室，药室折曲；雌花花萼和花冠与雄花相同，子房卵形或中间缢缩，胎座3个，柱头3个，2浅裂，胚珠多数，水平生。果实各种形状，不开裂，熟后果皮木质，硬、中空；种子多数、扁平、白色、倒卵圆形。

约 6 种，主要分布于非洲热带地区。我国栽培 1 种及数变种。河南有 1 种 3 变种。

葫芦 ***Lagenaria siceraria*** **（Molina） Standl.**（图2086）

一年生攀援草本。茎、枝密被软粘毛；卷须2分叉，被粘质软毛。叶片心状卵形或肾状卵形，长、宽10厘米~35厘米，不分裂或稍浅裂，顶端锐尖，基部心形，弯缺开张，半圆形或近圆形，边缘具小尖齿，两面被微柔毛，叶脉掌状5条~7条。雌雄同株；花白色，单生，花梗长；雄花花萼漏斗状，长3厘米~4厘米，宽2厘米~3厘米，具5脉纹，被短柔毛或微绒毛，雄蕊3个，药室不规则折曲；雌花花萼和花冠与雄花相似，子房中间缢缩，密生

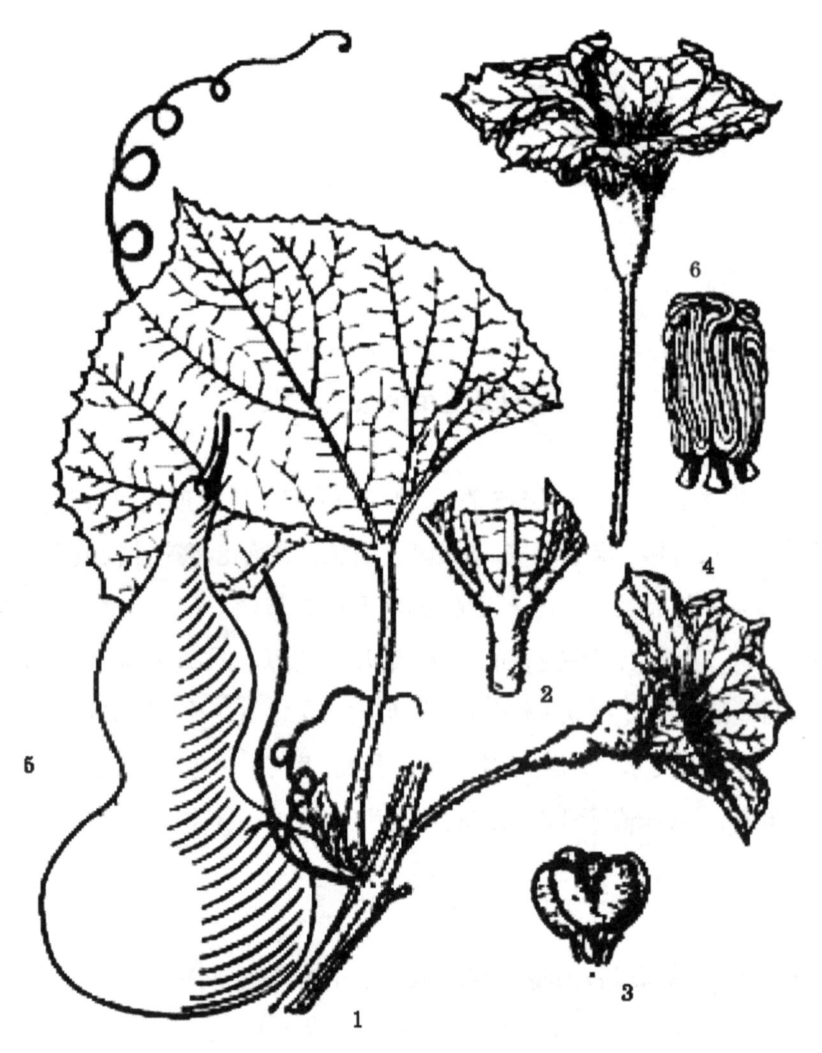

图2086 葫芦 Lagenaria siceraria（Molina）Standl.
1.花枝；2.叶基部；3.柱头；4.雄蕊；5.果实；6.花

软粘毛，花柱粗短，柱头3个，膨大，2裂。瓠瓜大，形状多种，常见为哑铃形，长数十厘米，上部和下部膨大，中间缢缩，下部大于上部，熟后果皮木质；种子倒卵状长圆形，顶部截形或具2齿，白色。花期6月~8月；果熟期8月~10月。

广布世界热带、温带地区。我国河南省等各地有栽培。嫩果作蔬菜，熟后的果皮壳可作容器；果皮、种子入药，有消肿、散结、利尿之效。

瓠子（变种）var. *hispida*（Thunb.）Hara

与葫芦的区别是：果实圆柱形或棍棒形，直或稍弓曲，长可达60厘米~80厘米，表面淡绿色，果肉白色。

全国如河南省等各地有栽培，果实嫩时作蔬菜。

小葫芦（变种）var. *microcarpa*（Naud.） Hara

与葫芦的区别是：植株细弱，结实较多，果实形状似葫芦，但较小，长10厘米~15厘米。

全国如河南省等各地有栽培。果实入药，有利水、消肿之效；熟后外壳木质化，可作儿童玩具。种子油可制肥皂。

瓠瓜（变种）*Lagenaria siceraria* （Molina） Standl. var. *depressa* （Ser.） Hara

与葫芦的区别是：果实扁球形，直径30厘米，果皮厚，木质化。

全国如河南省有栽培。木质化的果皮可作水瓢和容器，少数民族用之作乐器，为“八音”的一种。果实和熟后的果皮入药，有利水通淋之效。

（选自丁宝章、王遂义主编：《河南植物志》第3册，
河南科学技术出版社1997年）

《海南植物志》中关于葫芦的描述

葫芦属 Lagenaria Ser.

一年生、粗壮、草质藤本；被柔毛；卷须分2枝。叶卵形至圆形；叶柄顶有腺体2个。花单性同株，大，全部单生，白色，极易凋谢，雄花具长梗，雌花具短梗；雄花：萼管漏斗状或近钟状，裂片5，极狭；花瓣5片，分离，全缘；雄蕊3枚，着生于萼管上，花丝分离，花药粘合，但不合生，1个1室，其他的2室，药室蜿蜒状；退化雌蕊为腺体；雌花：子房长或短，花柱短，有8个2裂的柱头。果的大小和形状种种，成熟时果皮硬木质。

1种，产东半球热带地区。

葫芦 别名：瓠；匏；蒲芦；壶卢；扁蒲、蒲子（梅县）。

Lagenaria siceraria （Molina） Standl.in Publ. Field Mus. Nat. Hist. Bot. ser. 3: 435. 1930.

Cucurbita siceraria Molina Sagg. Chil. 133. 1782.

L. leucantha Rusby in Mem. Torry Club 6: 43. 1896.

L. vulgaris Ser. in DC. Prodr. 3: 299. 1828.

藤本，有粘质柔毛。叶近圆形，五角形或稍3~5裂，宽15~30厘米，基部阔心形，具5~7叉指状脉，边缘有尖齿，两面均被柔毛；叶柄稍短于叶片，近圆柱状，粗厚，顶端每侧有腺体1个；花白色；雄花梗长于叶柄，雌花梗约与叶柄等长或稍短；雄花萼长2~3厘米，被柔毛，裂齿狭三角形，长仅及萼管1/3~1/4；花瓣长3~4厘米，宽2~3厘米，皱波状，被短柔毛或微绒毛，有脉纹5条，顶端微缺并具小尖；雌花的萼管长2~3毫米；子房密被长柔毛。果初为绿色，后变为白色以至带黄色，形状多种，有为葫芦状，有为烧瓶状，有为哑铃状，有为棍棒状，有为曲颈状；种子白色，倒卵形，长圆形或三角形，顶端截形或2齿裂。花期：夏秋。

产地 各地栽培。

分布 原产热带非洲和亚洲；现广植于世界各地。

果除供食用外，其坚硬的老壳可为饮器、容器和瓢器等。

（选自中国科学院华南植物研究所编辑：
《海南植物志》第1卷，科学出版社1964年）

《江西植物志》中关于葫芦的描述

葫芦属 Lagenaria Ser.

攀援草本植物；植株有粘毛。叶柄先端有一对腺体；叶片卵状心形或肾状圆形；卷须分2歧。花雌雄同株，单生，白色；雄花的花柄长；花萼管狭钟状或漏斗状，裂片5片；花冠裂片5片，长圆状倒卵形；雄蕊3枚，花丝分离，花药稍靠合，长圆形，1枚1室，2枚2室，药室折曲，药隔不伸出；退化雌蕊腺体状；雌花的花柄短，花萼管杯状，花萼和花冠同雄花；子房卵状或圆筒状或中间缢缩，3个胎座，花柱短，柱头3个，2浅裂；胚珠多数，水平着生。果实形状多型，不开裂，嫩时肉质，成熟后果皮木质，中空；种子多数，倒卵圆形，扁，边缘多少拱起，先端截形。

约有6种，分布于非洲热带地区。我国栽培1种及3变种。江西栽培1种3变种。

葫芦 瓠 （图709）

Lagenaria siceraria （Molina） Standl. Publ. Field Mus. Nat. Hist. Chicago Bot. ser. 3: 435. 1930; 中国植物志73 （1）: 216 . 1986.

Cucurbita siceraria Molina Sag. Chile 133. 1782

一年生草本植物；茎、枝有粘质长柔毛，后变近无毛。叶柄长16~20厘米，先端有2腺体，叶片长、宽均10~35厘米，不分裂或3~5裂，有5~7掌状脉，两面均有微柔毛。雌、雄花均单生；雄花的花柄细，连同花萼、花冠均有微柔毛；花萼筒漏斗状，长约2厘米，裂片披针形，长5毫米；花冠黄色，裂片皱波状，长3~4厘米，宽2~3厘米；雄蕊3枚，花丝长3~4厘米，花药长0.8~1厘米；雌花的花萼和花冠似雄花；花萼管长2~3毫米；子房中间缢缩，密生粘质长柔毛。果实初时绿色，后变白色至带黄色，由于长期栽培，果形变异很大，因不同品种或变异而异，有的呈哑铃状，中间缢缩，下部和上部膨大，上部大于下部，长数十厘米，有的仅长10厘米（小葫芦），有的呈扁球形、棒状或杓状，成熟后果皮变木质；种子白色，倒卵形或三角形，先端截形或2齿裂，长约2厘米。花期夏季；果期秋季。

江西各地有栽培。我国及世界热带到温带地区均有栽培。果幼嫩时可作菜食，成熟后外壳木质化，中空，可作各种容器，水瓢或儿童玩具；也可供药用。

图709 葫芦 Lagenania siceraria
1.雌花枝；2.雄花；3.叶柄顶端（示2腺体）；4.雄蕊；5.柱头；6.果实（王金凤仿绘《中国高等植物图鉴》）

（a）**瓠子** 扁蒲

var. **hispida**（Thunb.）Hara in Bot. Mag. Tokyo 61: 5. 1948; 中国植物志73（1）: 217. 1986.

Cucurbita hispita Thunb. in Nov. Act. Reg. Soc. Sci. Upsal. 4: 33 et. 38. 1783.

子房圆柱状；果实粗细匀称而呈圆柱状，直或稍弓曲，长可达60~80厘米，绿白色；果肉白色而不同于正种。

江西各地及我国各地均有栽培。

果嫩时可作蔬菜。

（b）**小葫芦**

var. **microcarpa**（Naud.）Hara in Bot. Mag. Tokyo 61: 5. 1948; 中国植物志73（1）: 217. 1986.

L. microcarpa Naud. in Rer. Hort. ser. 4（4）: 65. col. 1855.

植株结实较多，果实形状虽似葫芦，但较小，长约10厘米而不同于正种。

江西各地及我国北方有栽培。

果实供药用，成熟后外壳木质化，可作儿童玩具；种子油可制肥皂；悬垂供观赏。

（c）**瓠瓜**

var. **depressa**（Ser.）Hara in Bot. Mag. Tokyo 61: 5. 1948; 中国植物志73（1）: 217. 1986.

L. vulgaris Ser in Mem. Soc. Phys. Genev. 3（1）: 25. 1825.

瓠果扁球形，直径约30厘米而不同于正种。

江西有栽培；全国各地均有栽培。

果实可制作水瓢或容器；古代和近代少数民族供作乐器，为“八音”的一种，西南少数民族用作葫芦笙或葫芦箫，音调优美。

（选自《江西植物志》编辑委员会编著：
《江西植物志》第2卷，中国科学技术出版社2004年）

《内蒙古植物志》中关于葫芦的描述

葫芦属 Lagenaria Ser.

攀援草本；茎较粗，分枝，有软毛。卷须2裂；叶卵形、圆形或心状卵形；叶柄顶端有2腺体。花单性，雌雄同株，单生叶腋；雄花花托漏斗状或稍呈钟状；花萼5裂；花冠5全裂，裂片离生；雄蕊5，2对合生，另1分离，药室不规则折曲；子房长椭圆形，中间缢细或圆柱形，花柱短，柱头3，2裂，胚珠多数。果实有各种形状，不开裂，成熟后外壳变硬；种子多数，卵状矩圆形，扁平，白色。

内蒙古有1种，3变种，均为栽培植物。

葫芦

蒙名：胡乐

Lagenaria siceraria （Molina） Standl. in Publ. Field Mus. Nat. Hist. Bot. Ser. 3: 435. 1930.—*Cucurbita siceraria* Molina Sagg. Chil. 133. 1782.—*Lagenaria vulgaris* Ser. in DC. Pordr. 3: 299. 1828.

一年生攀援草本；茎较粗壮，密生长软毛。卷须分2叉，有粘质软毛；单叶互生，叶片心状卵形或肾状圆形，不分裂或稍浅裂或多少五角形，长宽约10~35厘米，先端锐尖或钝圆，基部宽心形，边缘有小尖齿，两面均被柔毛；叶宽长5~10厘米，顶端有2腺体。花白色，单生叶腋；雄花的花梗较叶柄长，花托漏斗状，长约2厘米；雌花的花梗约与叶柄等长或稍短；花萼5裂，裂片披针形或宽条形，长约3毫米，被柔毛；花冠5全裂，裂片长3~4厘米，宽2~3厘米，皱波状，被柔毛或粘毛；子房中间缢细，密生软毛或粘毛，瓠果，中间缢细，上下部膨大，顶部大于基部，成熟后果皮变木质，光滑，浅黄色，长数十厘米；种子多数，白色，倒卵状长椭圆形。花期6~7月，果期8~10月。

我区南部地区有栽培。我国各地普遍种植；世界热带和温带地区也广泛分布。

成熟果实的果皮可作各种容器。果皮、种子入药，能利尿、消肿、散结，主治水肿、腹水、颈淋巴结结核。种子含油供制肥皂用。

我区还有3个栽培的变种：

瓠子 var. *hispida*（Thunb.）Hara 其果实圆柱状，通直或稍弧形，长60~80厘米，白色，带淡绿，果肉白色；

小葫芦 var. *microcarpa*（Naud.）Hara 其植株细弱，结实较多，果形似葫芦，但较小，长12厘米以下；

匏瓜 var. *depressa*（Ser.）Hara 较葫芦植株粗壮，果实扁球形或宽卵形，直径约30厘米以上，果皮较厚，木质化亦强。

（选自内蒙古植物志编辑委员会：《内蒙古植物志》第5卷，
内蒙古人民出版社1980年）

《秦岭植物志》中关于葫芦的描述

葫芦属 Lagenaria Ser.

一年生攀援草本。茎粗壮，分枝，有毛；卷须分2叉。叶柄先端具2腺体，叶片轮廓通常卵形、圆形、心形、肾形。花白色，单性，雌雄同株，全部单生叶腋；雄株花萼筒漏斗状或钟状，花萼5裂片极狭；花冠5裂；雄蕊3，着生于萼筒上，花丝分离，花药粘合，1药1室，另2药各2室，药室不规则折曲；退化雌蕊为腺体。雌花子房长椭圆形，中间缢缩或呈圆柱形，花柱短，柱头3，各2裂，胚珠多数，水平着生。果实为瓠果，大小形状各异，成熟时果皮木质化，不开裂。种子多数，白色，扁平，边缘具棱或沟。

单种属，广布于世界热带到温带地区。秦岭各地和我国其他地区均有栽培。

1. **葫芦（本草纲目）**（图90）

Lagenaria siceraria （Molina） Standl. in Publ. Field Mus. Bot. ser. 3: 435. 1930; W. Y. Chun et al. Fl. Hain. 1: 480. 1964; Icon. Corm. Sin. 4: 364. f. 6142. 1975—*Cucurbita siceraria* Molina, Sagg. Chil. 133. 1782—*Lagenaria vulgaris* Ser. in DC. Prodr. 3: 299. 1828; Cogn. et Harms in Engl. Pflanzenreich, Heft. 88 （IV.275.II）: 201. 1924.

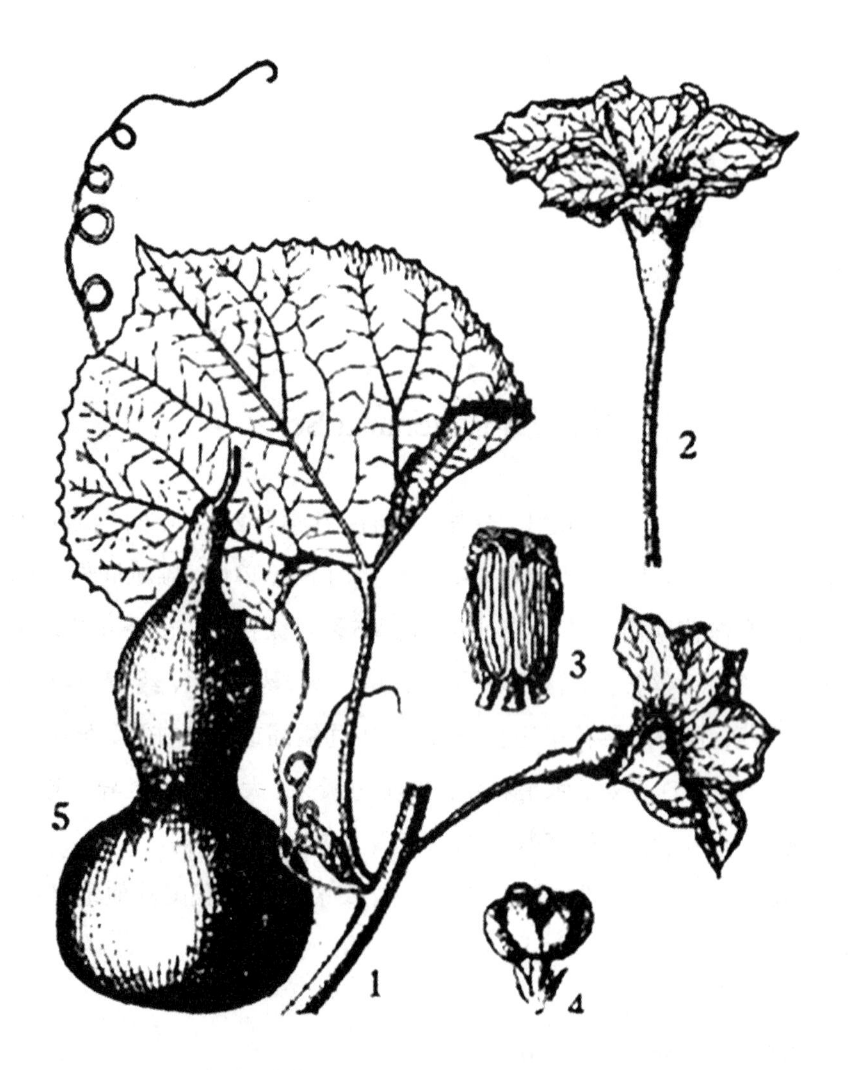

图90 葫芦 Lagenaria siceraria
1.果枝；2.雄花；3.雄蕊；4.柱头；5.果实
（王鸿青仿绘自《中国高等植物图鉴》）

茎具棱，密被软粘毛；卷须分2~4叉，被粘质软毛。单叶互生，叶柄粗壮，长5~15厘米，被毛；叶片有角或稍三浅裂，长、宽10~30厘米，先端极尖，基部心形，边缘具小尖齿，两面均被柔毛或软毛，叶脉掌状，5~7条，背面凸起。雄株花梗细长，长约25厘米；萼筒漏斗状，长约2厘米；花萼裂片狭三角形或披针形，长约5毫米，被柔毛；花冠裂片长3~4厘米，宽2~3厘米，皱波状，具5脉纹，被短柔毛或微柔毛，先端具细齿并具小尖头；雌株花梗与叶柄等长或稍短；花萼、花冠与雄花相似；子房密被长柔毛。果实形状多种，常见为哑铃形、长颈瓶形等，初为绿色，后变为白色至带黄色。种子倒卵状长圆形，先端截形或具2齿。花期6~8月，果期8~10月。

秦岭和我国其他各地均有栽培。广布于世界热带到温带地区。

嫩果可作蔬菜食用，成熟后的果实可作各种容器；果皮、种子供药用。

庭院习见栽培还有2变种：

1.瓠子 var. **hispida**（Thunb.）Hara 果实圆柱形或棍棒形，直或稍弯曲，长60~80厘米；表面淡绿色，果肉白色，作蔬菜。

2.小葫芦 var. **microcarpa**（Naud.）Hara 植株细弱，结实较多，果实中间缢缩，下部和上部膨大，下部大于上部，长约15厘米。可供药用。

（选自中国科学院西北植物研究所：
《秦岭植物志》第1卷（第五册），科学出版社1985年）

《山东植物志》中关于葫芦的描述

葫芦属 Lagenaria Ser.

攀援草本；植株被粘毛。卷须2分枝。叶柄顶端有1对腺体；叶片卵状心形或肾状圆形。雌、雄同株；花大，单生，白色；雄花：花梗长；花萼筒狭钟状或漏斗状，裂片5；花冠裂片5，长圆状倒卵形；雄蕊3，花丝离生，花药稍靠合，药隔不伸出，退化雌蕊腺体状；雌花：花梗短；花萼筒杯状，花被同雄花，子房卵状或圆筒状或中间缢缩，花柱短，柱头3，2浅裂。果实不开裂，形状多型，嫩时肉质，成熟后果皮木质化；种子多数，扁压，边缘多少拱起，顶端截形。

有6种，主要分布于非洲热带地区。我国栽培1种，3变种，山东均有栽培。

1. **葫芦瓠**（图1059）

Lagenaria siceraria（Molina） Standl.

（*Cucurbita siceraria* Molina）

一年生攀援草本，茎生软粘毛。卷须2分枝。叶片心状卵形或肾状卵形，不分裂或3~5浅裂，边缘有小尖齿，两面均被柔毛；叶柄顶端有2腺体。雌、雄同株；花单生，白色；雄花：花梗、花萼、花冠均被微柔毛；花萼筒漏斗状，裂片披针形；花冠5全裂，裂片皱波状；雄蕊3，药室不规则折曲；雌花：花被似雄花；子房长椭圆形或中间缢缩，密生软粘毛，花柱粗短，柱头3，膨大，2裂。瓠果因品种或变异种而异，有的中间缢缩，上部和下部膨大，下部大于上部，长数十厘米，有的呈扁球形、棒形或杓状，成熟后果皮变木质，中空；种子多数，倒卵圆形，边缘多少拱起，白色。花期6~7月；果期8~9月。

全世界热带至温带地区广泛栽培。全省各地广泛种植。

瓠果幼嫩时可作蔬菜，成熟后果皮木质化，中空，可作各种容器；也可药用，果皮、种子药用，能利尿、消肿、散结；种子榨油可制肥皂。

瓠子（变种）

var. hispida（Thunb.）Hara

（*Cucurbita hispida* Thunb.）

本变种与葫芦的不同之处在于：子房圆柱状；粗细匀称而成圆柱状，通直或稍弓曲，长可达60~80厘米，绿白色，果肉白色。

全省各地有栽培。全国广泛栽培。 果实嫩时柔软多汁，可作蔬菜。

小葫芦（变种）

var. microcarpa（Naud.）Hara

（*Lagenaria microcarpa* Naud.）

本变种与葫芦的区别在于：植株较细弱，结实较多；果实形状虽似葫芦，但较小，一般长仅10厘米。

全省各地有栽培。全国各地有栽培。

果实药用；种子榨油可制肥皂；成熟后果皮木质化，可作儿童玩具，亦可供观赏。

瓠瓜（变种）

var. depressa（Ser.）Hara

（*Lagenaria vulgaris* r. *depressa* Ser.）

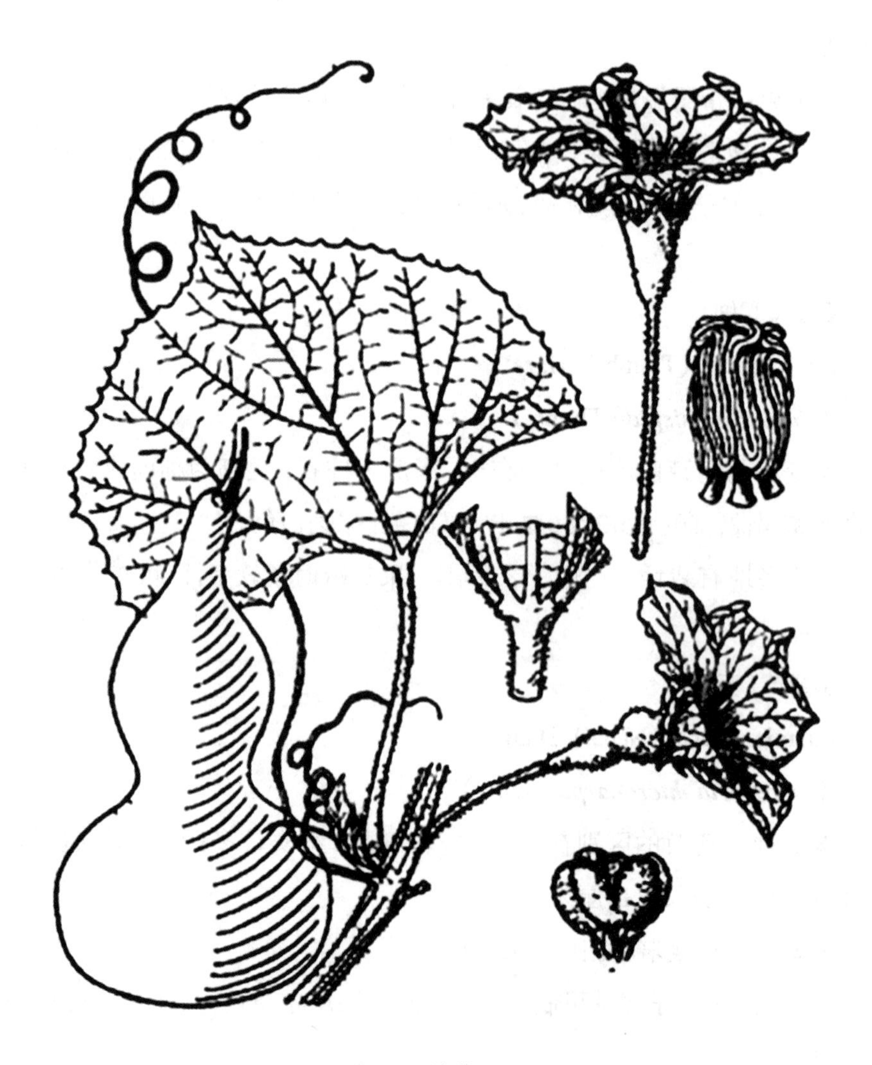

图1059 葫芦

本变种与葫芦的区别在于：瓠果扁球形，直径约30厘米。
全省常见栽培，全国各地栽培。
成熟后果皮可制作水瓢或容器；少数民族供作乐器。

（选自陈汉斌主编：《山东植物志》上卷，青岛出版社1994年）

《西藏植物志》中关于葫芦的描述

葫芦属 Lagenaria Ser.

攀援草本，被粘软毛。卷须分2叉；叶卵心形或肾心形，或者近圆形，叶柄顶端具一对腺体。花雌雄同株或稀异株，单生，花大，白色。雄花具长的花梗，花萼筒窄钟状或漏斗状。花萼裂片5，花瓣5，长圆形状倒卵形，微凹，雄蕊3，插生于花萼筒上，花丝离生；花药内藏，稍靠合，1枚1室，2枚2室，药室折曲，药隔不伸长；乳头状突起膨胀，深绿灰色。雌花具短梗，花托杯状，花萼及花冠与雄花相同，子房卵状或圆筒形或者中间缢缩，花柱短，柱头3，2浅裂，胚珠多数，水平着生。果实形状多型，不开裂，嫩时肉质，成熟后果皮木质，中空。种子多数，倒卵圆形，扁压，边缘多少拱起，顶端截形。

6种，主要分布于非洲热带地区。我国栽培1种，西藏也有栽培。

1. **葫芦** 壶卢

Lagenaria siceraria（Molina） Standl.

Cucurbita siceraria Molina; *C. leucantha* Duchesne; *Lagenaria vulgaris* Ser. ; *L. leucantha*（Duchesne） Rusby

攀援草本，茎生软粘毛。卷须分2叉；叶柄顶端有2腺体；叶片卵状心形或肾状卵形，长宽约10~35厘米，不分裂或稍浅裂，边缘有小齿。雌雄同株；花白色，单生，花梗长；雄花花萼筒漏斗状，长约2厘米，花萼裂片披针形，长3毫米，花冠裂片皱波状，被柔毛或粘毛，长3~4厘米，宽2~3厘米，雄蕊3，药室不规则折曲。雌花花萼和花冠似雄花，子房中间缢细，密生软粘毛，花柱粗短，柱头3，膨大，2裂。瓠果大，中间常缢细，下部和上部膨大，下部大于上部，长数十厘米，成熟后果皮变木质；种子白色。

在西藏东南部有栽培。热带亚洲至非洲原产，广泛栽培于世界热带到温带地区。我国各地栽培。

瓠果成熟后果皮木质而硬，可作各种容器，亦可药用。

（选自中国科学院青藏高原综合科学考察队，吴征镒主编：
《西藏植物志》第4卷，科学出版社1985年）

《浙江植物志》中关于葫芦的描述

葫芦属 Lagenaria Ser.

一年生攀援草本。植株被粘毛。卷须2歧。叶片卵状心形或肾状圆形；叶柄顶端有一对腺体。花单性，雌雄同株；花大，单生。雄花：花梗长；花萼筒狭钟状或漏斗状，5裂；花冠裂片5，长圆状倒卵形，先端微凹；雄蕊3，离生，花药稍靠合，药室折曲；退化雌蕊腺体状。雌花：花梗短；花萼筒杯状，花萼和花冠与雄花相同；子房卵状或圆筒状或中间缢缩，花柱短，柱头3，2浅裂，胚珠多颗，水平着生。果形多变，不开裂，嫩时肉质，成熟后果皮变为木质化，中空。种子多粒，倒卵圆形，扁，顶端截形。

6种，主要分布于非洲热带；我国栽培1种，3变种；浙江也有。

葫芦（图6-240）

Lagenaria siceraria（Molina） Standl. —*Cucurbita siceraria* Molina

一年生攀援草本。茎、枝具沟纹，被粘质长柔毛，后变近无毛。卷须2歧，纤细。叶片卵状心形或肾状卵形，长、宽均10~35厘米，先端极尖，基部心形，弯缺开张，半圆形或近圆形，不分裂或3~5裂，边缘有不规则的齿，两面均被微柔毛，具5~7掌状脉；叶柄纤细，长16~20厘米，被长柔毛，顶端有2腺体。花单生，雌雄同株。雄花：花梗细，比叶柄长，被柔毛；花萼筒漏

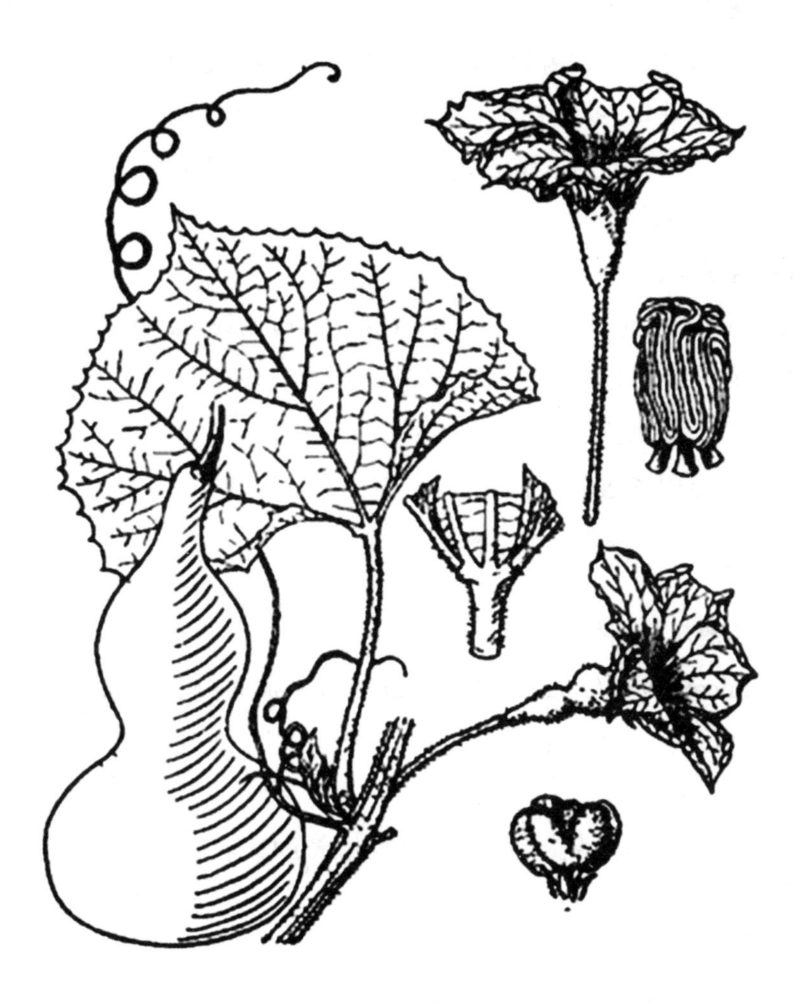

图6-240 葫芦

斗状，长约2厘米，裂片披针形，长5毫米；花冠黄色，裂片皱波状，长3~4厘米，先端微缺；雄蕊3，药室折曲。雌花：花梗比叶柄短或近等长；花萼和花冠与雄花相同；子房中间缢缩，密生粘质长柔毛，花柱粗短，柱头3，2裂。果大，中间缢缩，下部大于上部，成熟后果皮变为木质化。种子白色，倒卵形或三角形，顶端截形或2齿裂，稀圆。花期夏季，果期秋季。

全省普遍栽培。我国各地也有栽培。世界热带到温带也广泛栽培。

果成熟后外壳变为木质化，中空可作容器，也可药用。

1a. **瓠子**（变种）

var. hispida（Thunb.）Hara—*Cucurbita hispida* Thunb.

与原种区别在于子房圆柱状；果粗细匀称而呈圆柱状，直或稍弓曲，长可达60~80厘米，绿白色，果肉白色。

本省和全国各地有栽培。

果实嫩时柔软多汁，可作蔬菜。

1b. **小葫芦**（变种）

var. **microcarpa**（Naud.）Hara—*Lagenaria microcarpa* Naud.

与原种区别在于植株结实较多，果形状虽似葫芦，但较小，长仅约10厘米。

全省常见栽培。

果药用，成熟后外壳变为木质化，可作儿童玩具。种子含油可制肥皂。

1c. **瓠瓜**（变种）

var. **depressa**（Ser.）Hara

与原种区别在于瓠果扁球形，直径约30厘米。

全省常见栽培。

果壳可作水瓢或容器。

（选自浙江植物志编辑委员会：《浙江植物志》第6卷，

浙江科学技术出版社1993年）

《中国高等植物图鉴》中关于葫芦的描述

葫芦 壶卢

Lagenaria siceraria（Molina）Standl.

攀援草本；茎生软粘毛。卷须分2叉；叶柄顶端有2腺体；叶片心状卵形或肾状卵形，长宽约10~35厘米，不分裂或稍浅裂，边缘有小齿。雌雄同株；花白色，单生，花梗长；雄花花托漏斗状，长约2厘米，花萼裂片披针形，长3毫米，花冠裂片皱波状，被柔毛或粘毛，长3~4厘米，宽2~3厘米，雄蕊3，药室不规则折曲；雌花花萼和花冠似雄花，子房中间缢细，密生软粘毛，花柱粗短，柱头3，膨大，2裂。瓠果大，中间缢细，下部和上部膨大，下部大于上部，长数十厘米，成熟后果皮变木质；种子白色。

广布世界热带到温带地区；我国各地栽培。瓠果成熟后果皮木质而硬，可作各种容器，亦可药用。

（选自中国科学院植物研究所主编：《中国高等植物图鉴》，
科学出版社1972年）

《中国植物志》中关于葫芦的描述

葫芦属 Lagenaria Ser.

Ser., Mém. Soc. Phys. Genéve 3（1）: 25. t. 2. 1825; Cogn. in DC., Mon. Phan. 3: 417. 1881; Cogn. u. Harms in Engl., Pflanzenr. 88（IV.275. 2）: 200. 1924; Hutch., Gen. Fl. Pl. 2: 405. 1967.

攀援草本；植株被粘毛。叶柄顶端具一对腺体；叶片卵状心形或肾状圆形。卷须2歧。雌雄同株，花大，单生，白色。雄花：花梗长；花萼筒狭钟状或漏斗状，裂片5，小；花冠裂片5，长圆状倒卵形，微凹；雄蕊3，花丝离生；花药内藏，稍靠合，长圆形，1枚1室，2枚2室，药室折曲，药隔不伸出；退化雌蕊腺体状。雌花花梗短；花萼筒杯状，花萼和花冠同雄花；子房卵状或圆筒状或中间缢缩，3胎座，花柱短，柱头3，2浅裂；胚珠多数，水平着生。果实形状多型，不开裂，嫩时肉质，成熟后果皮木质，中空。种子多数，倒卵圆形，扁，边缘多少拱起，顶端截形。

6种，主要分布于非洲热带地区。我国栽培1种及3变种。

属模式种：葫芦 L. siceraria（Molina）Standl.（=L. vulgaris Ser.）

1. **葫芦**（四时类要） 瓠

Lagenaria siceraria（Molina） Standl., Publ Field. Mus. Nat. Hist.

Chicago Bot. Ser. 3: 435. 1930; Keraudren in Aubréville et Leroy, Fl. Cambodge Laos Viêtnam 15: 93. 1975; 中国高等植物图鉴4: 364, 图6142. 1975.—*Cucurbita siceraria* Molina, Sagg. Chile 133. 1782—*C. leucantha* Duch. ex Lam., Encycl. 2: 150. 1786.—*Lagenaria vulgaris* Ser. in Mém. Soc. Phys. Genéve 3(1): 16. t. 2. 1825; Cogn. u. Harms in Engl., Pflanzenr. 88(IV. 275. 2) : 201. 1924. —*L. leucantha* Rusby in Mem. Torr. Bot. Cl. 6: 43. 1896; Chakr. in Rec. Bot. Surv. Ind. 17 (1) : 66.1959—*Cucumis mairei* Lévl., Cat. Pl. Yunnan 64. 1916. —*Lagenaria vulgaris* Ser. subsp. *asiatica* Kobyakova in Trudy Prikladn. Bot. 23(3) : 487. 1930.

1a. **葫芦**(原变种)

var. ***siceraria***

一年生攀援草本;茎、枝具沟纹,被粘质长柔毛,老后渐脱落,变近无毛。叶柄纤细,长16~20厘米,有和茎枝一样的毛被,顶端有2腺体;叶片卵状心形或肾状卵形,长、宽均10~35厘米,不分裂或3~5裂,具5~7掌状脉,先端锐尖,边缘有不规则的齿,基部心形,弯缺开张,半圆形或近圆形,深1~3厘米,宽2~6厘米,两面均被微柔毛,叶被及脉上较密。卷须纤细,初时有微柔毛,后渐脱落,变光滑无毛,上部分2歧。雌雄同株,雌、雄花均单生。雄花:花梗细,比叶柄稍长,花梗、花萼、花冠均被微柔毛;花萼筒漏斗状,长约2厘米,裂片披针形,长5毫米;花冠黄色,裂片皱波状,长3~4厘米,宽2~3厘米,先端微缺而顶端有小尖头,5脉;雄蕊3,花丝长3~4毫米,花药长8~10毫米,长圆形,药室折曲。雌花花梗比叶柄短或近等长;花萼和花冠似雄花;花萼筒长2~3毫米;子房中间缢细,密生粘质长柔毛,花柱粗短,柱头3,膨大,2裂。果实初为绿色,后变白色至带黄色,由于长期栽培,果形变异很大,因不同品种或变种而异,有的呈哑铃状,中间缢细,下部和上部膨大,上部大于下部,长数十厘米,有的仅长10厘米(小葫芦),有的呈扁球形、棒状或杓状,成熟后果皮变木质。种子白色,倒卵形或三角形，顶端截形或2齿裂，稀圆。长约20毫米。花期夏季，果期秋季。

我国各地栽培。亦广泛栽培于世界热带到温带地区。

幼嫩时可供菜食，成熟后外壳木质化，中空，可作各种容器，水瓢或儿童玩具；也可药用。

1b. **瓠子**（变种）扁蒲

var. **hispida** （Thunb.） Hara in Bot. Mag. Tokyo 61: 5. 1948, et in Enum. Sperm. Jap. 2: 81. 1952; 中国高等植物图鉴4: 365, 图6143. 1975.—*Cucurbita hispida* Thunb. in Nov. Act. Reg. Soc. Sci. Upsal. 4: 33 et 38. 1783.—*Lagenaria vulgaris* var. *hispida*（Thunb.）Nakai, Cat. Sem. Hort. Univ. Tokyo 38. 1932—*L.leucantha* var. *clavata* Makino. Ill. Fl. Nippon. 89. f. 265. 1940.—*L. leucantha* var. *hispida* （Thunb.） Nakai in Journ. Jap. Bot. 18: 24. 1942.

与葫芦（原变种）不同之处在于：子房圆柱状；果实粗细匀称而呈圆柱状，直或稍弓曲，长可达60~80厘米，绿白色，果肉白色。

全国各地有栽培，长江流域一带广泛栽培。

果实嫩时柔软多汁，可作蔬菜。

1c. **小葫芦**（变种）

var. **microcarpa** （Naud.） Hara in Bot. Mag. Tokyo. 61: 5. 1948, et in Enum. Sperm. Jap. 2: 82. 1952; 中国高等植物图鉴4: 365, 图6144. 1975.—*L. microcarpa* Naud. in Rer. Hort. Ser. 4,4:65. col. 1855.—*L. vulgaris* var. *microcarpa* Hort. ex Matsum et Nakai, Cat. Sem. Hort. Univ. Tokyo 30. 1916.— *L. leucantha* var. *microcarpa* （Naud.） Nakai in Journ. Jap. Bot. 18: 23. 1942.

与葫芦（原变种）区别在于：植株结实较多，果形状虽似葫芦，但较小，长仅约10厘米。

我国多栽培。

本变种果实药用，成熟后外壳变为木质化，可作儿童玩具。种子油可制肥皂。

1d. **瓠瓜**（变种）

var. **depressa** （Ser.） Hara in Bot. Mag. Tokyo. 61: 5. 1948 et in Enum. Sperm. Jap. 2: 81. 1952; 中国高等植物图鉴4: 365, 图6144. 1975.—*L. vulgaris* r. *depressa* Ser. in DC., Prodr. 3: 299. 1828.—*L.leucantha* var. *depressa*（Ser.）Makino. Ill Fl. Nippon 89. f. 267. 1940.—*L. leucantha* var. *makinai* Nakai in Journ. Jap. Bot. 18: 25. 1942.

本变种与葫芦（原变种）的主要区别在于：瓠果扁球形，直径约30厘米。

各地栽培。

本变种的果实可制作水瓢和容器；古代和近代许多少数民族也供作乐器，为“八音”的一种，西南少数民族用作葫芦笙或葫芦丝，音调优美。

（选自中国科学院中国植物志编辑委员会：《中国植物志》
第73卷（第1分册），科学出版社1986年）

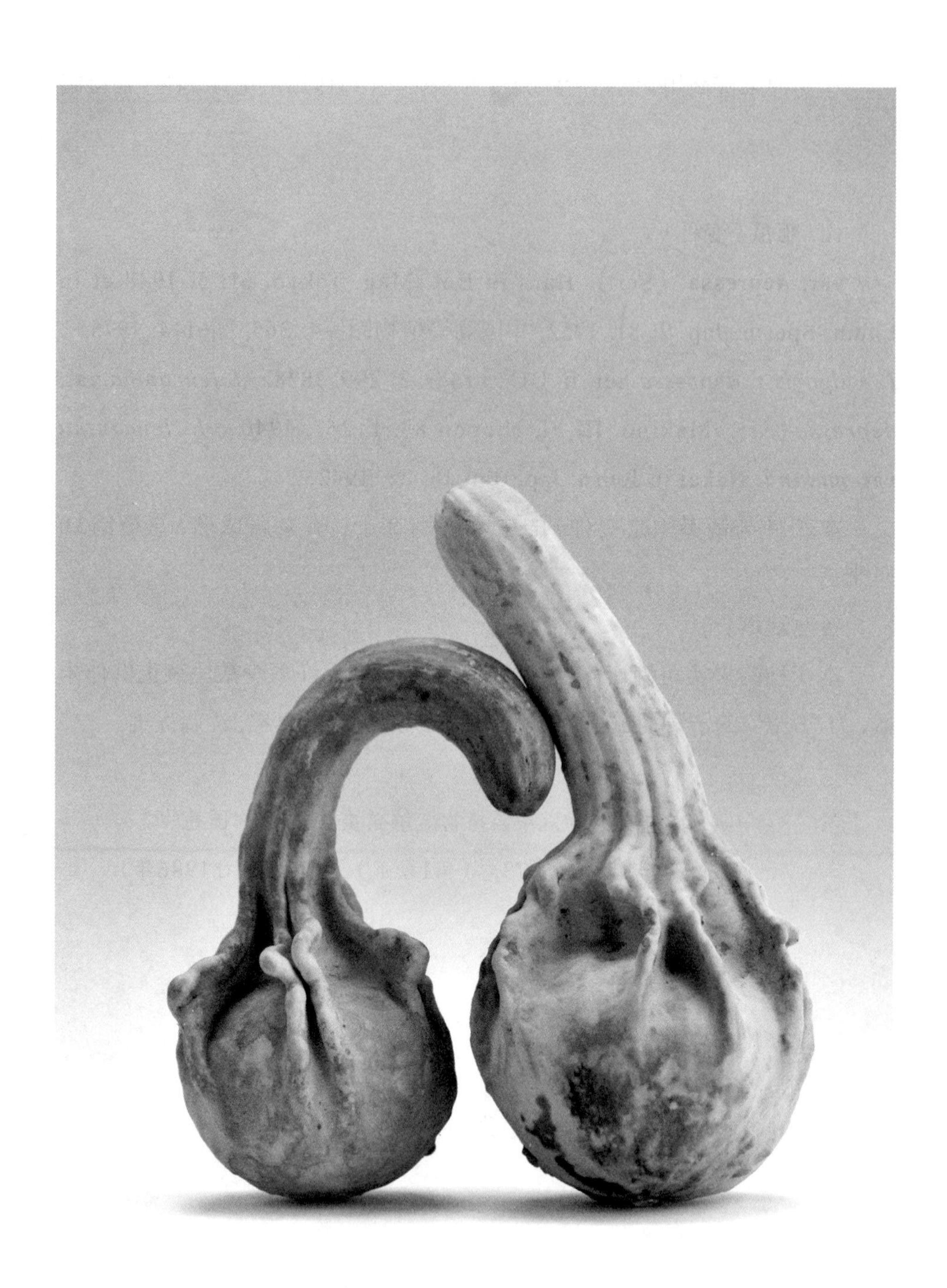

疙瘩葫芦

贰

葫芦化学分析及栽培加工文献选编

美国金色手捻小葫芦

张吉通

美国金色手捻小葫芦是月牙葫芦的变种，果实一般高3~4厘米，最小1厘米，最大5厘米。叶片小、株型矮，适宜盆栽或庭院栽培。长势旺盛，结果数量多，小盆栽每棵结果50~80个，地栽每棵结果300个，多的可达500个。幼果绿色，成熟后呈金黄色。幼果脆嫩肉厚，富含铁、锌等人体所需的微量元素，并有降压祛暑的功效。其吃法多样，可做汤、炒食、凉拌、做馅、酱腌、糖渍等，餐盘摆放形味俱佳。成熟果实皮厚坚韧，质地细密，可在果面上题诗、彩绘、烫画、精雕细刻多种图像和造型。该品种易种植，好管理，对土质要求不严格，各地均可栽培，春播、夏播，保护地冬播均可。

（张吉通：《美国金色手捻小葫芦》，《农村百事通》2013年第20期）

葫芦科化学分类学

邱明华　陈书坤　陈剑超　周琳　李忠荣　聂瑞麟

摘要 葫芦科为全世界约有110~122个属，775~960种的大科，我国有38属，约150种。该科植物中许多种类作为栽培植物，用作观赏、果蔬或药用，其化学成分十分复杂，大多数属中具有葫芦素类化合物。由于长期的栽培和人为繁育，化学成分的组成变得更加复杂，而化学成分的研究也不是十分全面，难以找到规律性。本文在葫芦科化学成分研究的基础上，探讨了其化学成分与各个属植物之间的相互联系。本文的讨论对整个葫芦科的化学分类学特征的化合物很难确定，但从化学系统学的角度，以葫芦科各个属的化学成分研究结果为基础，结合分类学的分属依据，讨论了葫芦科近缘属间关系，化学成分的结构类型基本上支持Takhtajan的葫芦科分类系统。表1参49

关键词 葫芦科；化学分类学；葫芦素；三萜化合物

CLC Q949. 782. 09

CHEMOTAXONOMY OF CUCURBITACEAE

QIU Minghua, CHEN Shukun, CHEN Jianchao, ZHOU Lin, LI Zhongrong & NIE Ruilin

(*Key Lab of Phytochemistry & Plant Resources in West China, Kunming Institute of Botany, Chinese Academy of Sciences*, Kunming 650204, China)

Abstract Cucurbitaceae is a bigger family and composed of 779~960 species of 110~122 genera in the world, of which 150 species of 38 genera occur in China. Many of them have been cultivated for a long time, and used as ornamental, fruit, vegetable and medicinal plants. Many genera of the family were found with cucurbitacins, but many species were not. Because of long-term cultivation and artificial reproduction, the chemical constituents of Cucurbitaceae were so complex that made the studies on and understanding of its chemical structure characters very difficult. In this paper, based on the structure characters of the chemical constituents of Cucurbitaceae, the correlation of chemical constituents with many different genera of the family was discussed, and the relation among its close genera was studied. The result indicates that the structure characters of the chemical constituents of Cucurbitaceae obtained from this paper basically support Takhtajan's classification system of this family. Tab 1, Ref 49

Key words Cucurbitaceae; chemotaxonomy; cucurbitacins; triterpenoids

CLC Q949. 782. 09

葫芦科（Cucurbitaceae）[1]隶属葫芦目（Cucurbitales），是一个久已被认识的自然科，由于其较突出的经济用途而为学者们所注目。

本科在全世界约110~122属，775~960种，全世界广布，但以热带与亚热带地区较多，少数延至温带地区。我国有38属，约150种，主要分布于西南部和南部，少数种类散布至北部。该科植物中有一些种类之瓜果不仅可供观赏，作果蔬，而且有良好药用价值，如冬瓜（*Benincasa hispida*）之果实有利水、消炎、清热解毒之功效；西瓜（*Citrullus lanatus*）之瓜瓤有清热解暑、除烦止渴、利水便之功效；南瓜（*Cucurbita moschata*）之根有利湿热、通乳汁之功效，其果实有利湿热、通乳汁之功能，有补中益气、消炎止痛、解毒杀虫之功效；苦瓜（*Momordica charantia*）之果实有清暑清热、明目、解毒之功效；丝瓜（*Luffa cylindrica*）之果有清热、化痰、凉血、解毒之功效；葫芦（*Lagenaria siceraria*）之果实幼嫩时可食用，成熟时外壳木质化，中空，可作各种容器，水瓢和玩具，亦可供药用，有利尿、消肿、散结之功效；雪胆属（*Hemsleya*）之块茎可提取雪胆素作生药用；罗汉果（*Siraitia grosvenorii*）有清热凉血、润肺止咳、润肠通便之功效；栝楼（*Trichosanthes kirilowii*）之根（天花粉）有生津、止渴、降火、润燥、排脓、消肿之功效，其果实（栝楼）有润肺、化痰、散结、滑肠之功效，栝楼皮及种子有利气宽肠之功效；油渣果（又称油瓜）（*Hodgsonia macrocarpa*）之土藤本，果实直径可达20cm，种子富含油脂可食，药用有凉血止血、解毒消肿之功能；绞股蓝（*Gymnopetalum pentaphyllum*）全草富含绞股蓝甙、糖类等，有消炎解毒、止咳祛痰之功效。尚有盒子草、土贝母、赤瓟儿、马瓞儿、茅瓜等属植物均可药用。

1 葫芦科的特征[1]

一年生或多年生草质或木质藤本，罕为灌木或乔木状。根为须根或为球状或圆柱状块根茎匍匐或借助于卷须攀援。卷须单1或2至多歧，侧生于叶柄基部。叶互生，具柄，无托叶；叶片不分裂，或掌状浅裂至深裂，稀为鸟足状复叶，具掌状脉。花单性，雌雄同株或异株，单生、簇生、或集成总状花序、圆锥花序或近伞形花序。雄花：花萼辐状，钟状或管状，5裂，裂片张开或覆瓦状排列；花冠插生于花萼管檐部、基部，合成或分离，5裂，裂片在芽中覆瓦状排列或内卷式镊合状排列，全缘或边缘流苏状；雄蕊5或3，插生于花萼筒基部、近中部或檐部，花丝分离或合生成柱状，花药分离或靠合，药室在5枚雄蕊中，全部1室，在3枚雄蕊中，1枚1室，2枚2室或全部2室，药室通直，弓曲或S形折曲至多回折曲，药隔伸出或不伸出，纵向开裂；退化雌蕊有或无。雌花：花萼与花冠同雄花；退化雄蕊有或无；子房下位或稀半下位，通常由3心皮合生而成，极稀具4~5心皮，3室或1~2室，侧膜胎座，胚珠通常多数，稀少数；花柱单1或顶端3裂，柱头膨大，2裂或流苏状。果实大型至小型，多为肉质的瓠果，少数为蒴果，不开裂或成熟后盖裂或3瓣裂。种子多数至少数，多扁平，种皮骨质，硬革质或膜质，具各种纹饰，全缘或有齿；无胚乳，胚直，胚根短，子叶大，扁平，常富含油脂。

本科植物中富含葫芦烷三萜、达玛烷三萜和五环三萜及其配糖体成分，同时还有个别属含有木脂素和酚性化合物。

2 葫芦科分类学研究[1, 2]

葫芦科在恩格勒系统中，依据Eichler的观点，具典型的上位五基数花，花冠往往合瓣，雄蕊有联合的趋向，将其放在变形花被类（合瓣亚纲），桔梗目（Campanulales）之前自成一目。而现代的一些系统学家却采纳了较早的观点，认为葫芦科具厚珠心，通常具广袤的绒毡层组织以及两层明显珠被的胚珠等重要特征，与典型的合瓣花类不相符合，发现同西番莲科（Passifloraceae）等存在一种并行现象，因此采取Hallier提出的位置，认为葫芦科应与秋海棠科（Begoniaceae）等组成一目，位于西番莲科及其亲缘科之后，伦德勒（A. B. Rendle）、哈钦松（J. Hutchinson）等采用这一观点。塔赫他间（A. Takhtajan）和克朗奎斯特（A. Cronquist）等也采用了类似的观点，认为该科与西番莲科的关系十分密切，放在西番莲目（Passiflorales）之后，秋海棠目（Begoniales）之前，自成一目。最近，吴征镒、汤彦承、路安民等（2003）在其被子植物的八纲分类系统中，将葫芦科、秋海棠科、四数木科（Tetramelaceae）及Datiscaceae等4科，组成葫芦目（Cucurbitales），置于堇菜目（Violales）和杨柳目（Salicales）之间[3]。

葫芦科的科下系统，中国植物志73（1）采用的是A. Cogniaux系统，该系统依据雄蕊数目，药室通直、弓曲或折曲，环状水平生以及花丝分离或多少贴合成柱状等主要特征，将科下分为5族9亚族，即藏瓜族Trib. Fevilleae，雄蕊5稀4，分离或基部联合成柱，花药1室或假2室，药室直，不成水平环状。该族含4亚族：亚族1.锥形果亚族Subtrib. Gomphogyninae；亚族2.翅子瓜亚族Subtrib. Zanoninae；亚族3.藏瓜亚族Subtrib. Fevillinae；亚族4.赤瓟亚族Subtrib. Thladianthinae；马㼎儿族Trib. Melothrinae；三棱瓜亚族Subtrib. Anguriinae；马㼎儿亚族Subtrib. Melothriinae；裂瓜亚族Subtrib. Sisydiinae；南瓜族Trib. Cucurbiteae；葫芦亚族

Subtrib. Cucumerinae；栝楼亚族Subtrib. Trichosanthinae；佛手瓜族Trib. Sicyoides和小雀瓜族Trib. Cyclanthereae。该系统有不尽合理之处，吴征镒等（2003）和A. Takhtajian（1997），D. J. Mabberley （1997）观点相同，基本上采用C. Jeffrey（1978）的科下系统，但略有调整。涉及亚科以下的具体划分将结合化学成分的分布在化学分类学一节内容中加以讨论。

3 葫芦科化学成分研究[4]

国产葫芦科植物中锥形果属（*Gomphogyne*）、三棱瓜属（*Edgaria*）、马㼎儿属（*Zehneria*）、藏瓜属（*Indofevillea*）、三裂瓜属（*Biswarea*）等的化学成分研究尚未见文献报道；而有一些属虽然有一些化学成分的研究文献，但仅仅属于种子中脂肪酸和油脂成分等的研究，难以作为化学分类学问题讨论中的特征成分和化学证据，不再描述。在已经研究的本科植物中，大多数属含有葫芦烷型四环三萜，而葫芦素B、E的分布十分广泛；个别属中富含有达玛烷型四环三萜；个别属植物中富含有齐墩果烷型五环三萜类成分，还有一些属植物中含有黄酮及酚类化合物。葫芦烷型四环三萜和达玛烷型四环三萜从目前研究的资料看，同时存在于同一属的情况比较少。

3.1 葫芦素类四环三萜

葫芦科中苦素的研究始于上世纪50年代，M. Belkin等报道几种葫芦科植物苦味素具有抗癌活性以来，得到关注。10年后大量的葫芦素从葫芦科植物中分离出来，有葫芦素A，B，C，D，E，F，G，H，I，J，K，L等。这些葫芦素类四环三萜都是一类氧化程度很高的化合物，其特点是18-甲基在C-9上，比较有代表性的有葫芦素B，E和F（Cucurbitacin B，E，F；1~3），它们的化学结构特点可以用A环上氧化程度不同加以区分。后来在罗汉果属和雪胆属植物中发现的葫芦烷类化合物中有大量的配糖体形式存在，但氧化程度则大大减少，罗汉果中含有大量甜味葫芦素三萜甙，肉花雪胆（*Hemsleya carnosiflora*）块根茎中发现的大量配糖体，较有代表性的Carnosifloside VI（4）[5]，其甙元是仅有3个羟基取代的低含氧葫芦素，该化合物不但没有苦味，而是天然甜味素，田中治等研究得出其甜味与C-11

的α-羟基的构型有密切的关系，从此否定了葫芦烷型化合物为苦味物质的观念。葫芦素的结构类型主要就有以上4个结构类型。而葫芦素B、E对肝细胞疏松变性、坏死及空泡变性有治疗活性；葫芦素B还能增加肝糖原蓄积及阻止肝细胞脂肪变性及抑制肝纤维增生作用，可用于治疗慢性肝炎。值得一提的是，从著名的云南民间草药罗锅底（*H. amabilis*）中分离并确定化学结构的雪胆甲素、雪胆乙素，是我国最早发现的一些葫芦素类苦味物质，属于葫芦素F的衍生物，具有抗菌消炎的作用，毒性很低。

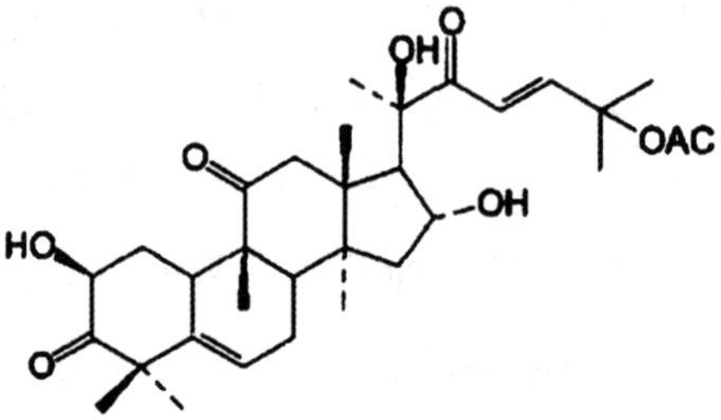

葫芦素B（Cucurbitacin B）（1）

3.2 达玛烷型四环三萜

竹本常松等日本学者从绞股蓝（*Gynostemma pentaphyllum*）中分离了50个绞股蓝甙（gypenoside），其甙元是达玛烷型20S-原人参二醇类化合物，其中一些化合物就是人参皂甙Rb1，Rb3，Rd和F，绞股蓝甙的生物活性也与人参皂甙类似，被广泛应用在保健品上。邱明华等发现棒锤瓜（*Neoalsomitra integrifoliola*）的藤中含有大量的达玛烷型皂甙，含量达3%以上，属于西洋参中侧链成环醚的一类人参皂甙，而甙元棒锤三萜A（Neoalsomitin A，5）是新型达玛烷型化合物[6]。除此之外，丝瓜属、盒子草属、假贝母属中也发现含有达玛烷型四环三萜类化合物。

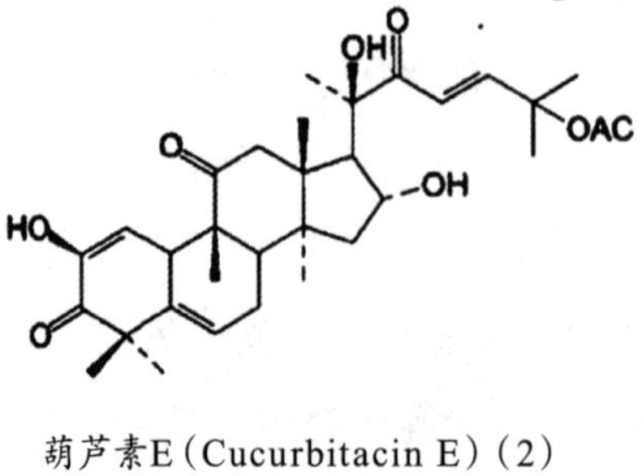

葫芦素E（Cucurbitacin E）（2）

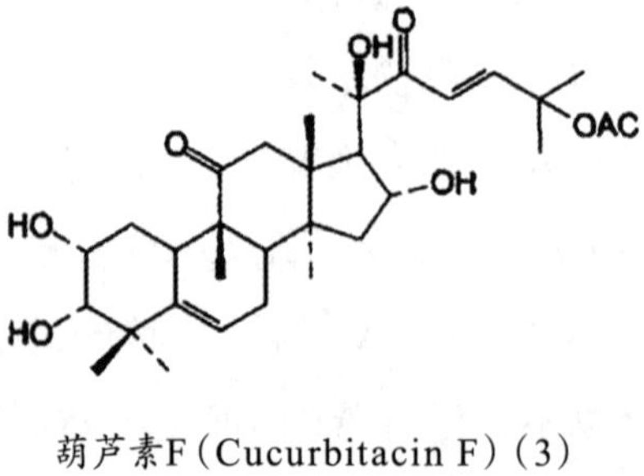

葫芦素F（Cucurbitacin F）（3）

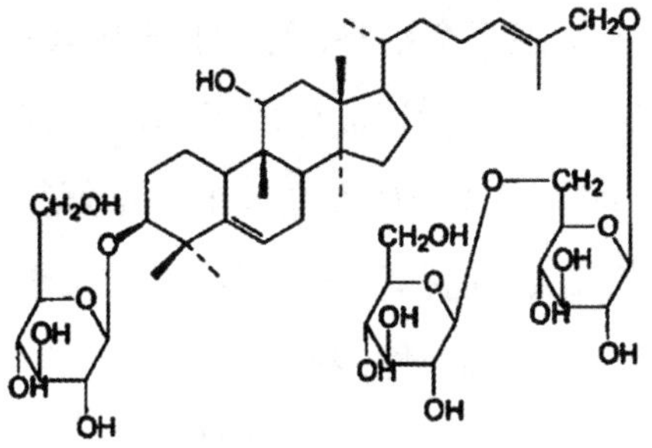

Carnosifloside VI（4）

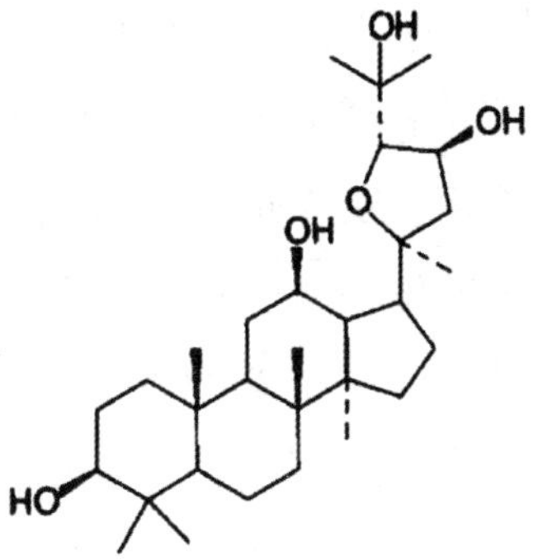

棒锤三萜A（Neoalsomitin A）（5）

3.3 五环三萜

齐墩果烷型五环三萜类化合物在葫芦科很多属植物中都有发现，是分布较为广泛的化合物类型。雪胆皂甙及中华雪胆（*Hemsleya chinensis*）中发现有竹节人参皂甙IVa （Chikusetsu saponin IVa，6）[7]，木鳖子皂甙、赤爬皂甙中的甙元为齐墩果酸和丝石竹甙元。少数属的植物中还发现了乌苏烷、白桦烷五环三萜，但数量比较小。

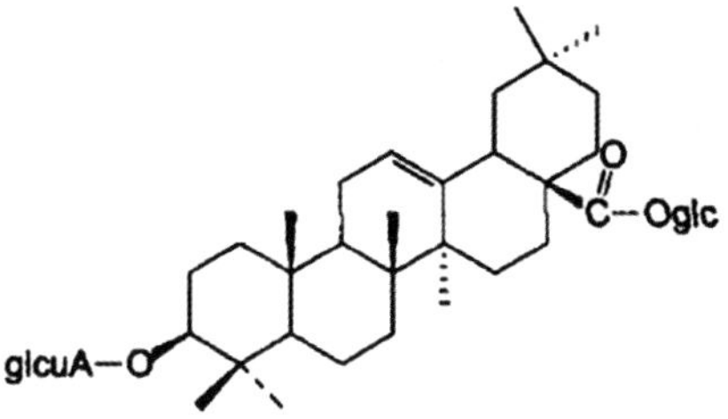

竹节人参皂甙IVa（Chikusetsu saponin IVa）（6）

3.4 黄酮、木脂素及酚性化合物

葫芦科植物一些属中发现有黄酮及其甙类化合物，个别属中含有木脂素、酚性化合物。最典型的是波棱瓜（*Herpetospermum caudigeruvm*），从法国产的波棱瓜种子中分离到几个木脂素类化合物，还有五聚松柏醇等衍生物，是葫芦科植物中化学成分十分独特的属，但该植物我国不产。

葫芦科中上述几类化合物的分布简要总结如表1。

4 葫芦科化学分类学研究

葫芦科许多属植物的化学成分研究也限于个别种，而由于该科具有广泛的食用和观赏价值，栽培的种类很多，在次生代谢成分的积累上，可能产生一些变化。特别是国产的葫芦科植物的化学成分研究尚未十分充分，有不少属的化学成分文献则大多引用国外的文献，而化学分类学的系统研究就更为稀少。因而本章的讨论难免会存在片面和局限性，有待完善和补充。

由于葫芦科植物分布较广，属和种类较多，系统学研究虽然比较充分，但科下划分十分复杂，而从化学成分看，分布更加复杂，要得出纲领性的结论，仍然比较困难。因而本节的描述按科下划分来讨论化学分类学的研究状况。

4.1 亚科I. 翅子瓜亚科 Zanonioideae

花柱2~3，分离，种子通常具翅，卷须近顶端2歧，花粉粒小，具条纹状纹饰，胚珠悬垂，n=8，共有2族3亚族。

4.1.1 族1. 翅子瓜族 Trib. Zanonieae

花柱3，子房具3胎座，胚珠悬垂，果1室，圆柱状或三棱状。我国有3亚族。

亚族1. 翅子瓜亚族 Subtrib. Zanoninae：果成熟后沿顶端3裂缝开裂，种子具膜质翅或无，国产2属。

棒锤瓜属*Neoalsomitra*，小叶近全缘，基部常具2腺体，花萼具5裂片，种子顶端具膜质翅。约12种，分布于印度至波利尼西亚和澳大利亚，国产2种，产华南、西南和台湾。从西双版纳产的棒锤瓜（*N. integrifoliola*）地上部分，邱明华及日方合作研究组发现了一系列的达玛烷型配糖体，特别有特色的3个化合物结构是侧链C-24（S）的OH与C-12位的β-OH缩合成大环醚键，而C-24另一个OH与C-20（S）形成的五圆环醚依然存在，C-24成缩酮，是比较复杂的天然产物（7~9）[8-9]。其他种的化学成分研究未见报道。

翅子瓜属*Zanonia*，单叶全缘，花萼4裂，果圆筒状，大，种子周围环以木质翅。1种，分布于印度、中南半岛、马来西亚、印度尼西亚和我国云南南部。本属化学成分未见报道。

亚族2. 盒子草亚族 Subtrib. Actinostemmatinae：子房1室，胚珠悬垂，果实成熟后盖裂，种子无翅或稀具膜质翅。

盒子草属*Actinostemma*，雌雄同株或稀为两性花，果成熟后近中部盖裂，种子无翅。单种属，分布于东亚（自日本至喜马拉雅），我国南北均产之。种子和全草入药，有利尿消肿，清热解毒，祛湿之功效。从盒子草（*A. lobatum=A. tenerum*）的全草和种子中分离出大量五环三萜（包括齐墩果酸和丝石竹甙元）皂甙，有结构非常复杂的盒子草甙B（Lobatoside B）（10）[10]，是一类比较有趣的化合物，C-3羟基和C-17羧基上各接有几个糖的双边甙，被一个小分子的二元酸成酯将两边的糖连接起来。该植物中的全草中还分离到了盒子草达玛烷甙A（Actinostemmoside A，11）等6个达玛烷三萜化合物[10-11]。

表 1　几类化合物在葫芦科各属的分布

Table 1 Distribution of compounds in Cucurbitaceae

属名 Genus	葫芦烷型 Cucurbitane	达玛烷型 Dammarane	齐墩果烷型 Oleanane	多酚类 Polyphenol	备注 Remarks
盒子草属 *Actinostemma*		++	++		
土贝母属 *Bolbostemma*		+	++		
棒锤瓜属 *Neoalsomitra*	+	++			
雪胆属 *Hemsleya*	+++		++		
赤瓟属 *Thladiantha*	+		++		
罗汉果属 *Siraitia*	++			+	
苦瓜属 *Momordica*	++		+		含苦瓜蛋白 Momorcharins
丝瓜属 *Luffa*	+	+	++		
喷瓜属 *Ecballium*	++				
西瓜属 *Citrullus*	+			+	
黄瓜属 *Cucumis*	+				
金瓜属 *Gymnopetalum*	+		+		
葫芦属 *Lagenaria*	+		+		含有赤霉素 A_{50}，A_{52}（Gibberellines A_{50}，A_{52}）
栝楼属 *Trichosanthes*	++		++		含天花粉蛋白（Trichosanthin）

续表

属名 Genus	葫芦烷型 Cucurbitane	达玛烷型 Dammarane	齐墩果烷型 Oleanane	多酚类 Polyphenol	备注 Remarks
南瓜属 *Cucurbita*	+		+		含有赤霉素 A_{39}，A_{48}，A_{49}（GibberellinesA_{39}，A_{48}，A_{49}）
红瓜属 *Coccinia*	+				
绞股蓝属 *Gynostemma*		+++		+	
佛手瓜属 *Sechium*			++		含有赤霉素（Gibberellines）
小雀瓜属 *Cyclanthera*	+		+	+	

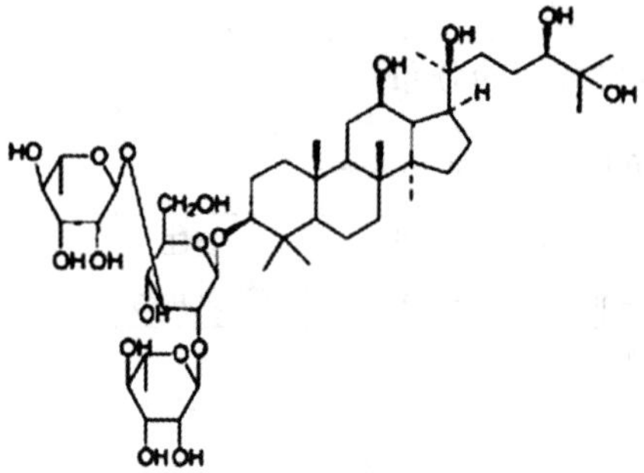

棒锤瓜甙I1（Neoalsoside I1）（7）

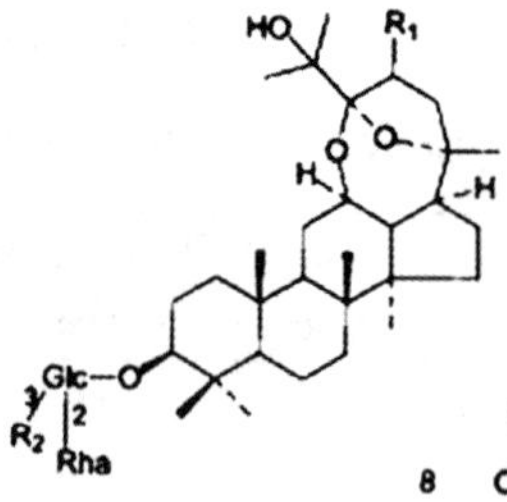

棒锤瓜甙N1，O1（Neoalsoside N1，O1）（8，9）

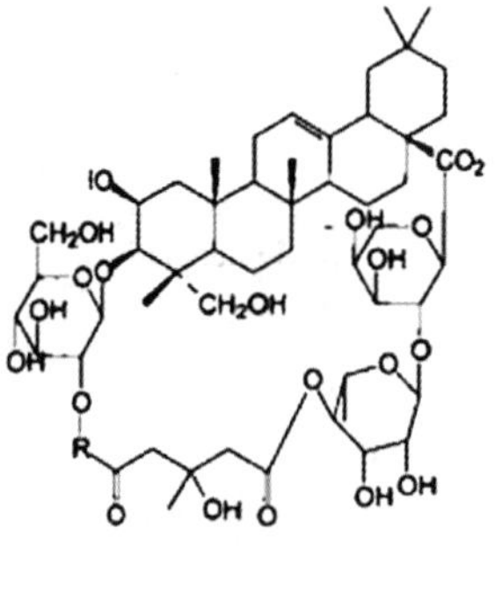

R=*β*-*D*-Glc
盒子草甙B（Lobatoside B）（10）

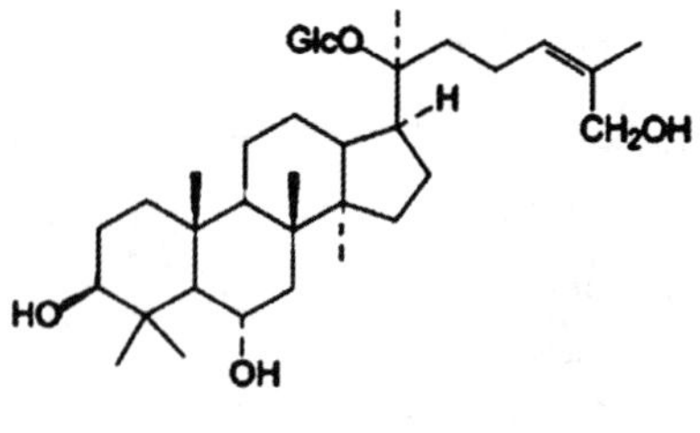

盒子草达玛烷甙A（Actinostemmoside A）（11）

假贝母属*Bolbostemma*，雌雄异株，果成熟后由顶端盖裂，种子顶端具膜质翅，叶基部小裂片顶端具2突出的腺体。2种，为我国特有，间断分布于华北平原、黄土高原向西南的四川、云南及湖南西部。假贝母*B. paniculatum*的小块茎古时用作贝母，现亦药用，有清热解毒，散结消肿之功效。从其块茎中分离出土贝母甙I （Tubeimuoside I, 12）[12]等一系列复杂的五环三萜（丝石竹甙元类）配糖体，也是C-3羟基和C-17羧基上各接有几个糖的双边甙，被一个小分子的二元酸成酯将两边的糖连接起来的一类化合物。但未发现有达玛烷型化合物。本属另一种刺儿瓜*B. biglandulosum*的化学成分未见报道。从该亚族中的一类结构特别的复杂五环三萜配糖体的存在看，盒子草属和假贝母属代谢和酶系统上也有非常类似之处，放在一个亚族内是可取的，化学证据支持形态分类的亚族划分。

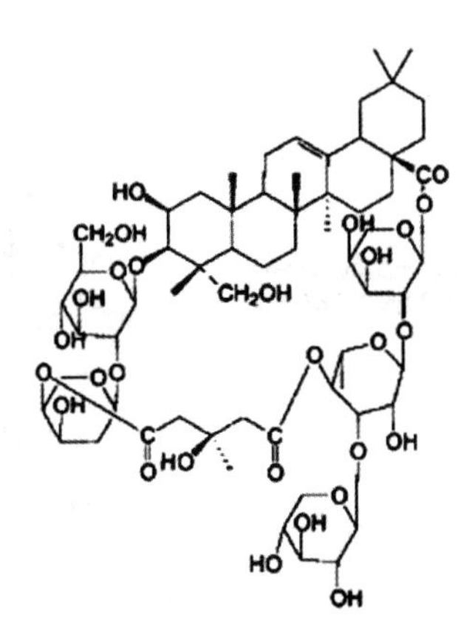

土贝母甙I（Tubeimuoside I）（12）

亚族3. 锥形果亚族 Subtrib. Gomphogyninae：雌雄同株，果为顶端3裂缝开裂，种子无翅，叶为鸟足状3~9小叶。

绞股蓝属*Gynostemma*[13]，雌雄异株，雄花组成圆锥花序，花丝合生成柱状，子房2~3室，每室具2胚珠，浆果或蒴果，不具纵肋，种子无翅。该属分为2亚属。绞股蓝亚属Subgen. *Gynostemma*，果实为浆果，顶端具3枚小的鳞脐状突起。约6种，单叶绞股蓝*G. simplicifolium*，我国与缅甸、马来西亚、印度尼西亚（爪哇）、菲律宾共有，绞股蓝*G. pentaphyllum*，鸟足状复叶，具3~9小叶，分布于整个属的分布区（亚洲热带至东亚，自喜马拉雅至日本、马来半岛和新几内亚岛）。喙果藤亚属Subgen. *Trirostellum*，蒴果具3回枚冠状物，成熟后顶端沿腹缝线3裂。模式种——心籽绞股蓝*G.*

cardiospermum，产湖北西部、陕西南部和四川。喙果藤*G. yixingense*和疏花绞股蓝*G. laxiflorum*产江苏和浙江，小籽绞股蓝*G. microspermum*和聚果绞股蓝*G. aggregatum*，分布于云南南部及西北部。绞股蓝属植物含有人参甙，作为保健茶在市场上热销。由于该属植物中发现有大量的达玛烷型皂甙，部分为人参皂甙Rb1、Rb3、Rd、F2，这些皂甙具有类似人参皂甙的功效。对绞股蓝亚属植物的化学成分研究最为充分，特别是绞股蓝（*G. pentaphyllum*），从不同产地不同采集期不同部位的样品中分离出来60多个达玛烷型皂甙（13，14）[14-15]。该亚属的其他植物，基本上均含有达玛烷型三萜类物质。化学证据也支持形态分类的亚属划分。

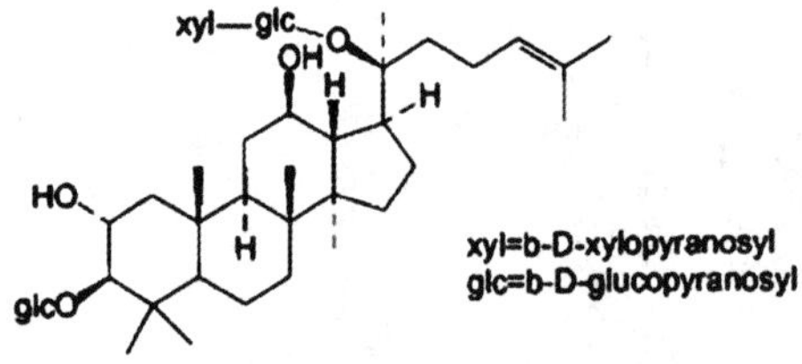
xyl—glc
OH
H
H
HO
H
glcO
xyl=b-D-xylopyranosyl
glc=b-D-glucopyranosyl

Gypenoside LⅦ（13）

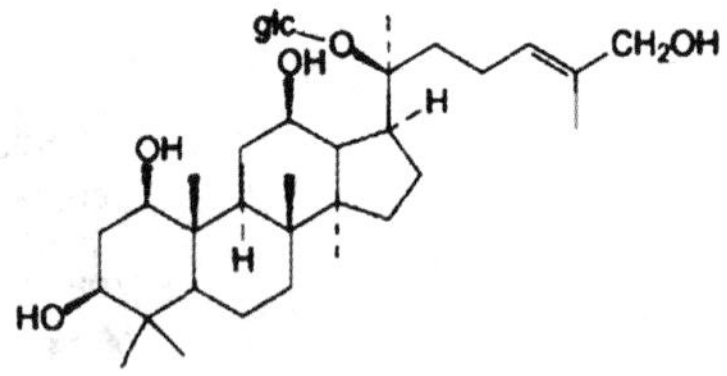
glc
OH
CH2OH
H
OH
H
HO

Gycomoside Ⅲ（14）

雪胆属*Hemsleya*[16-17]，草质藤本，常具大的块茎，趾状复叶，具（3~）5~9（~11）小叶，小叶具锯齿，花中等大，果具9~10条纵棱或细纹，种子无翅或具膜质或木质翅。据李德铢（1993）的研究，该属分为2亚属，即马铜铃亚属Subgen. *Graciliflorae*和雪胆亚属Subgen. *Hemsleya*，后者又分为3组6亚组。马铜铃亚属仅有马铜铃雪胆*H. graeiliflora*，不具块茎，花冠辐状，平展，种子小，具膜质翅，分布于我国西南、华东至越南北部。雪胆亚属具块茎，种子无翅或具藤木质翅，23种，我国有22种，其中花冠平展或平展后上翘，碗状或辐状的雪莲组Sect. Amabiles的曲莲*H. amabilis*，蛇莲*H. sphaerocarpa*，雪胆*H. chinensis*，罗锅底*H. macrosperma*等均药用。该属植物块茎的化学成分研究较为充分，作者的研究表明：不具块茎的马铜铃雪胆的根中，没有发现上述的葫芦素类或其他三萜类化学成分，而是含有长链烷烯醇，脂肪酸和β-呋喃甲羟葡萄糖甙等化合物；化学证据支持独立划为亚属[18]。雪胆亚属的植物中进行过块茎的化学成分研究的达15

种左右，多数植物中都发现了最早在园果雪胆（*H. amabilis*）中得到的雪胆素甲、雪胆素乙（Xuedansu A，B；15，16）[19]是该亚属中比较特征的化学成分，系葫芦素F的衍生物。雪胆亚属中主要成分（17，18）基本上为葫芦素类物质，但个别种群中如帽果雪胆（*H. mitrata*）的块茎经薄层研究，没有葫芦素类四环三萜存在，而齐墩果酸和合欢酸及其配糖体为该植物的主要化学成分。因而从化学证据看，帽果雪胆在雪胆亚属中的位置就有一定不确定性，可以推测为某些属的属间过渡种。而该属植物的化学成分研究中还发现棒果雪胆（*H. Macrocarpa* var. *clavata*）块茎中含有植物鞘醇类化合物（19）。但最近的植物化学研究表明，许多植物类群，不但在低等植物中，而且在被子植物中，这类物质是广泛存在的，可能是植物中普遍存在的一类次生代谢物质[20]。

4.1.2 族2. 藏瓜族Trib. Fevilleae

木质藤本，子房3室，胚珠附着于子房室的腋部，悬垂，果较大，不开裂。3属。其中*Fevillea*约7种，产热带南美洲，种子含油高达55%；藏瓜属*Indofevillea*，1种，仅见于印度东北部及我国西藏墨脱。该属的化学成分未见研究。

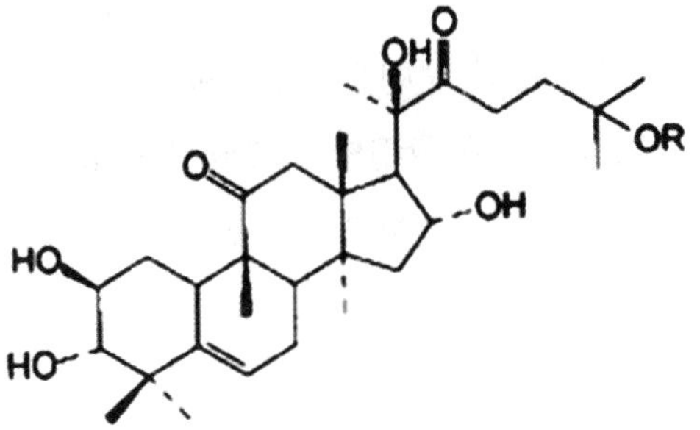

Xuedansu A（R=Ac）（15）
Xuedansu B（R=H）（16）

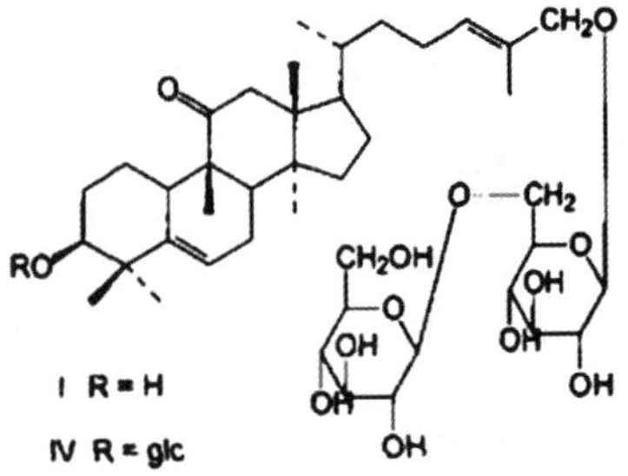

内花雪胆甙Ⅰ，Ⅳ
（CarnosiflosideⅠ，Ⅳ）（17，18）

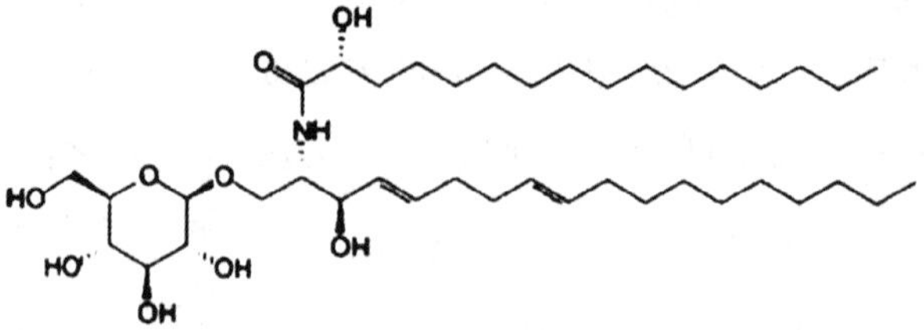

棒果雪胆中的神经酰胺类植
物脑苷脂化合物
（Soyacerebroside Ⅰ）（19）

4.2　亚科2. 南瓜亚科 Subfam. Cucurbitoideae

假花柱合成一个花柱，种子无翅，卷须不分叉或下部2~7分叉，只在分叉点以上旋卷，花粉粒多样。8族。为本科的演化主干。

4.2.1　族1. 赤瓟族 Trib. Oliffieae （Thladiantheae）子房具3胎座，胚珠多数，水平生，花柱柱状，果浆果状，不开裂，种子无翅或极稀具木栓质翅。约6属，国产4属。

赤瓟属*Thladianthae*，单叶心形，稀掌状分裂或是3~5小叶的掌状复叶，花中等大，药室通直，胚珠多数，水平生。李建强（1997）在“赤瓟属的系统学研究”中确认该属有22种，2变种，其起源中心为中国云南南部和中南半岛北部地区的季节性山地雨林。以雄花苞片扇形，撕裂或具浅齿裂与否，将该属区分为裂苞组Sect. Fidobractea和赤瓟组Sect. Thladianthae，后者又以子房和果实表面有无鳞片或瘤状突起分为光果亚组和皱果亚组[21]。其中赤瓟、异叶赤瓟等块根药用。该属化学成分研究的种类不十分多，赤瓟（*T. dubia*）、大苞赤瓟（*T. cordifolia*）和粗茎罗锅底（*T. hookeri* var. *pentadactylae*）的块茎中基本上是以齐墩果酸皂甙为主，其中粗茎罗锅底的块茎中，皂甙含量高达9.7%的一个配糖体粗茎罗锅底甙H1 （Thladioside H1，20）[22]。大苞赤瓟的块茎中还发现有异葫芦素B存在[23]。该属植物化学成分基本为同一类型，支持形态分类的划分。

李建强（1993）对广义罗汉果属*Siraitia*的形态学、解剖学、孢粉学、细胞染色体数目和植物地理学进行研究后，将罗汉果属分为白兼果属*Baijiania*、小球瓜属*Microlagenaria*和罗汉果属[24]。白兼果属植物不被鳞片，卷须在分支点上下均卷曲，药室肾形弓曲；3种，分布于马来半岛至加里曼丹、泰国和我国南部（云南、广东、海南及台湾）。小球瓜属植物体具鳞片，药室弓曲，种子无翅，单型属，产非洲的坦桑尼亚、林迪地区和尼日利亚、瓦里地区。罗汉果属植物密被柔毛和腺鳞，药室S形曲折，种子具木栓质翅；4种，分布于中国南部和西南部、锡金、泰国、中南半岛及印度尼西亚。罗汉果*S. grosvenorii*果甘甜，甜度比蔗糖高150倍，入药有润肺、祛痰、消渴之效。罗汉果的果和根等部位均含有葫芦素类四环三萜，是从葫芦素苦味物质中最早发现的天然甜味甙，最近认为有抗癌活性。翅子罗汉果*S. siamensis*的果实中也有类似的葫芦素类天然甜味甙，翅子罗汉果甙I（Siamenoside I，21）[25]。果实中的葫芦素类天然甜味甙，基本上为该属的特征成分，支持分类系统。从罗汉果根中还发现发现了一些新型的葫芦素类化合物罗汉果酸甲，乙（Siraitic acid A，B）（22，23）[26]。

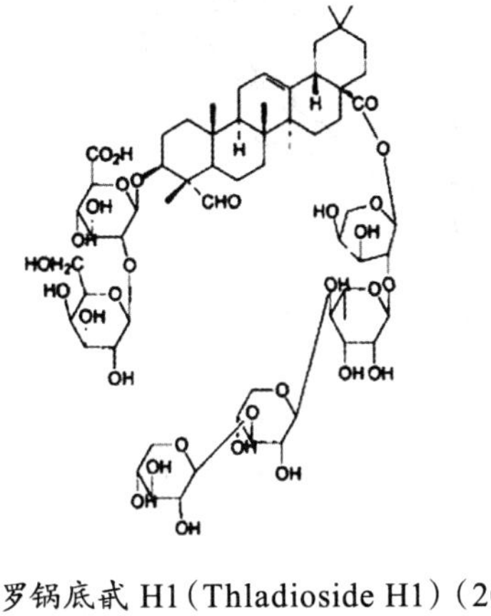

粗茎罗锅底甙 H1（Thladioside H1）（20）

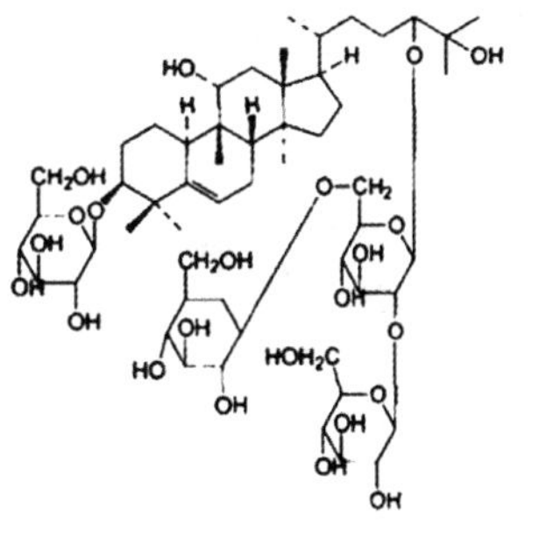

翅子罗汉果甙 I（Siamenoside I）（21）

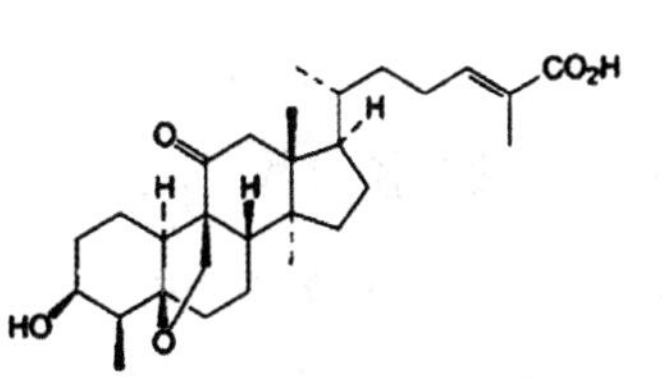

罗汉果酸甲（Siraitic acid A）（22）

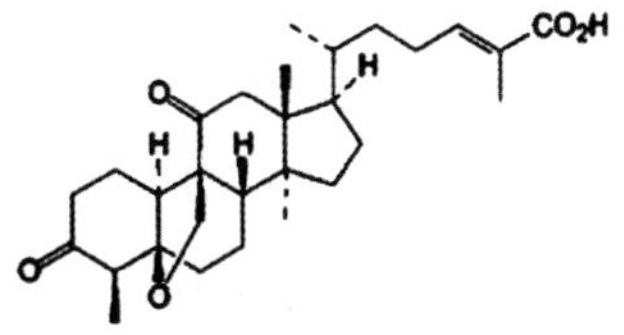

罗汉果酸乙（Siraitic acid B）（23）

苦瓜属*Momordica*，雌雄同株或异株，花梗具盾状苞片，花冠辐状，花托管短，雄蕊5~3，药室S形曲折，果具瘤状突起或刺，成熟后有时瓣裂。约80种，广布于世界热带和亚热带，但多数种产于非洲，我国有4种，苦瓜*M. charantia*，南北均栽培，果主作菜蔬。木鳖子*M. cochinchinensis*，分布于我国华东、华中、华南至西南地区及中南半岛和印度半岛，种子、根茎叶入药，有消肿、解毒止痛之功效。该属植物由于应用广泛，化学成分研究也十分充分，报道的化合物类型也较多，除葫芦素三萜、五环三萜化合物之外，还有甾体、二萜、其他三萜类化合物，而苦瓜蛋白也是报道较多的。含有多种类型化合物，是该属的特征之一。而苦瓜*M. charantia*中得到葫芦素也有一些十分特别之处，就是C-19有不少是以醛基形式出现的，如较为典型的Momordicosides L（24）和I（25）等就是其中几个，具有9-CHO和C-19与C-5用氧桥成环的化合物[27]。

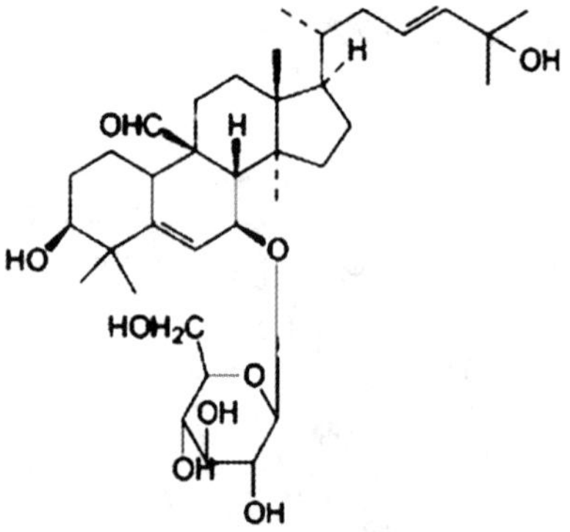

Momordicoside L（24） 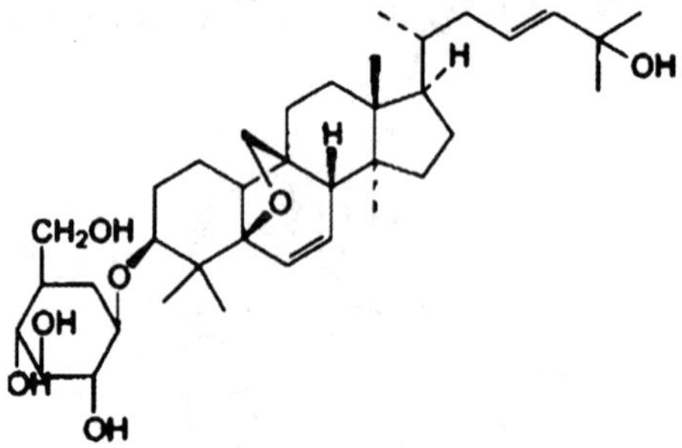　　Momordicoside I（25）

*Telfairia*属3种，广布于热带，以热带非洲为主，我国不产，种子含油可食或用于制皂、制烛。

4.2.2　族2. 裂瓜族 Trib. *Schizopeponeae* 花小型，两性或单性，雌雄同株或异株，雄蕊3，分离或各式合生，花蕊2枚2室，1枚1室，果成熟后自顶端向下部3裂，种子1~3，下垂生。1属，即裂瓜属*Schizopepon*，8种2变种，分为3亚属，即裂瓜亚属Subgen. *Schizopepon*，子房卵球形，3室，胚珠从室的顶端下垂生，果实不具喙，5种，其中4种为我国特有，1种裂瓜*S. bryoniaefolius*分布到朝鲜、日本和俄罗斯远东地区；喙裂瓜亚属Subgen. *Rhynchocarpos*，1种，我国特有；新裂瓜亚属Subgen. *Neoschizopepon*的药隔伸出，附属物钻形，2种，其中西藏裂瓜*S. xizangesis*为我国特有，分布于西藏墨脱，另1种新裂瓜*S. bicirrhosus*为我国西藏与印度、缅甸共有。该属植物化学成分研究较少，三萜类化合物未见报道。

4.2.3 族3. 马㼎儿族 Trib. Melothrieae（包括Cogniaux的Melothrineae，Angurineae）花小，花萼管雌花和雄花中相似，且较长，雄蕊3，稀2，分离或近分离，药室直或稍弓曲，枚1室，2枚2室，花粉粒具网状纹饰，果不开裂，种子水平生。

三棱瓜属*Edgaria*仅1种，三棱瓜*E. darjeelingensis*，分布于喜马拉雅（尼泊尔、锡金、印度东北部）至我国西藏东南部。

马㼎儿属*Zehneria*，雄蕊3，花药全部2室或2枚2室，1枚1室，花柱基部围以环状盘。约7种，分布于亚洲和非洲热带到亚热带。我国有5种，马㼎儿*Z. indica*和纽子瓜*Z. maysorensis*，北以秦岭淮河为界，南以南岭为界，广布于华东、华南和西南，也常见于日本、朝鲜、越南、印度半岛、印度尼西亚和菲律宾。全草药用，有清热解毒，消肿散结之功效。以上二属化学成分研究未见报道。

帽儿瓜属*Mukia*，雄蕊3，1枚1室，2枚2室，约3种，分布亚洲热带至亚热带、非洲和澳大利亚；我国产2种，帽儿瓜*M. maderaspatana*和爪哇帽儿瓜*M. javanica*.该属植物的化学成分报道很少，仅有一些种子中的油脂和蛋白、鲜油中脂肪酸成分有简要报道。

茅瓜属*Solena*，雄蕊3，药室弧曲或之字形折曲，雌花单生，2种，产我国华东、华南和西南，分布于锡金、印度、越南和印度尼西亚（爪哇）。其中茅瓜*S. amplexicaulis*的块根有清热解毒和消肿散结之功效.该属植物化学成分研究较少，基本上缺少化学分类所需的相关研究。

毒瓜属*Diplocyclos*，花小型，雌雄同株，雌花和雄花在同一叶腋内簇生，雄花无退化雌蕊。3种，分布于亚洲热带、澳大利亚和非洲；我国1种，毒瓜*D. palmatus*产台湾、广东和广西，果、根有剧毒，用于无名肿毒。该属化学成分研究，仅有毒瓜种子中的油脂、蛋白质等化学成分含量报道。

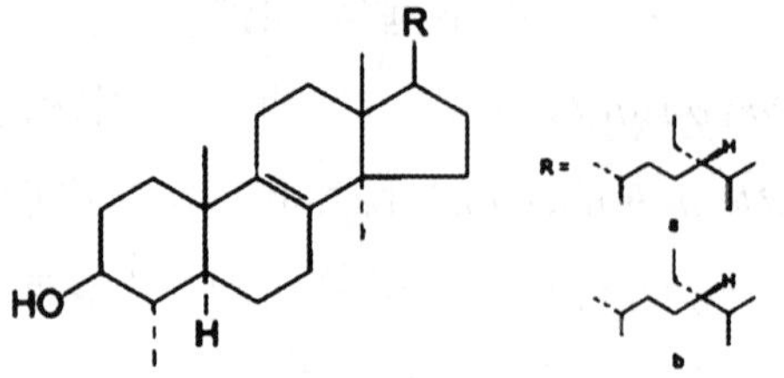

Cucumis-sterol Ⅰ，Ⅱ（26, 27）

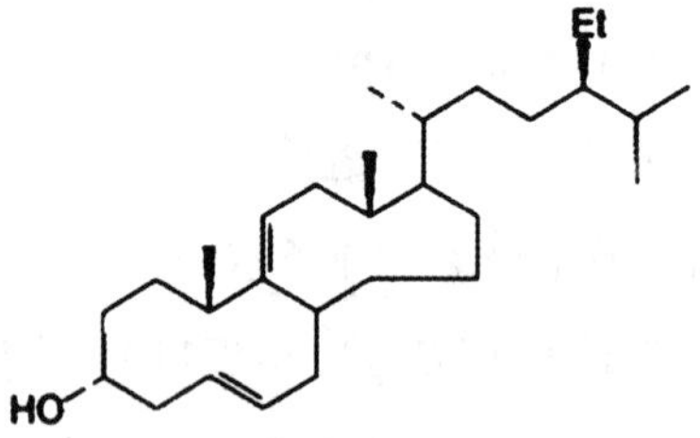

二裂甾醇（Disecosterol）（28）

黄瓜属*Cucumis*，叶3~7，浅裂，卷须不分叉，雌雄同株，雄花单生或簇生，具退化雌蕊，药隔伸出，乳头状，约70种，分布于世界热带至温带，非洲最多。我国有4种3变种。甜瓜*C. melo*为我国固有，《齐民要术》称小瓜，以别于冬瓜（大瓜）（*Benincasa hispida*），栽培悠久，品种繁多，园艺上有数十个品系，如香瓜、哈密瓜、白兰瓜等等。果实为盛夏重要水果；全草有祛痰、败毒、催吐、除湿、退黄疸之功效。黄瓜*C. sativus*由张骞从西域引进，广泛栽培，为夏季主要蔬菜之一，茎藤药用，能消炎、祛痰、镇痉。黄瓜属植物的化学成分研究也比较少，有趣的是黄瓜*C. sativus*种子中分离到了几个4α-甲基甾醇类化合物（26, 27）[28]；从*C. prophetarum*的果中分离到葫芦素A和B之外，还分离出一个比较奇怪的开裂甾醇，被称为二裂甾醇（Disecosterol, 28）[29]。

马瓟儿族除上述国产属外，尚有*Gurania*和*Psiguria*产热带南美洲，*Trochomeria*产非洲，根可食等。

4.2.4 族4. 冬瓜簇 Trib. Benincaseae 花萼筒短，花瓣流苏状，雄蕊药室S形或多回折曲，胚珠多数，花粉粒具网状纹饰。

丝瓜属*Luffa*，一年生草质藤本。卷须2或多歧，叶常5~7裂，雄花序总状，花梗无盾状苞片，花中等大，果成熟后由顶端盖裂，果肉呈网状纤维。约8种，产东半球热带至亚热带，我国栽培2种。丝瓜*L. aegyptiaca*（*L.*

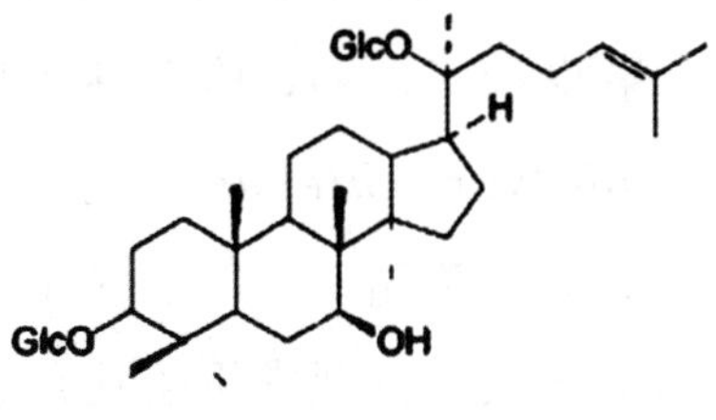

Luperoside A（29）

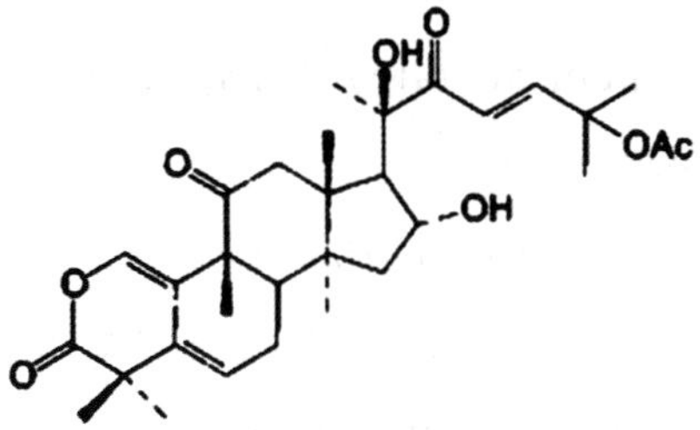

新葫芦素A（Neocucurbitacins A）（30）

cylindrica），广泛栽培于世界热带至温带，丝瓜络用于洗刷及药用。广东丝瓜*L. acutangula*，用途同丝瓜。丝瓜属的化学成分研究最为充分，化合物类型也最多，该属多数种的果、种子、根、藤等部位，分离到了许多齐墩果酸型三萜配糖体，多达七糖甙；而从*L. operculate*地上部分分离出了一系列达玛烷型配糖体，丝瓜达玛烷三萜甙A（Luperoside A，29）便是其中之一[30]；从该植物的果中分离出了葫芦素B，D，E和异葫芦素B等典型葫芦素，同时分离出两个降葫芦素，称之为新葫芦素A，B（Neocucurbitacins A and B；30）[31]。从化学成分的多元化，可以看出丝瓜属的特殊系统位置。

喷瓜属*Ecballium*，多年生蔓生植物，无卷须，雄花序总状，花梗具小苞片；果成熟后极膨胀，自果梗脱落后基部开一洞，由瓜瓤收缩将种子和果液同时喷射出。1种，喷瓜*E. elaterium*，产地中海、小亚细亚至中亚，我国见于新疆。喷瓜的化学分研究较多，多数有葫芦素发现，从果汁中分离出了葫芦素B，L，R等，还得到了一个新型葫芦素Hexanorcucurbitacin I（31）[32]。

冬瓜属*Benincasa*，一年生蔓生草本，全株密被硬毛。雌雄同株，单独腋生，雄花花萼裂片叶状，具锯齿，反折；果实大型，外被白色蜡质。仅1种冬瓜*B.hispida*，广泛栽培于世界热带至温带，我国云南南部有

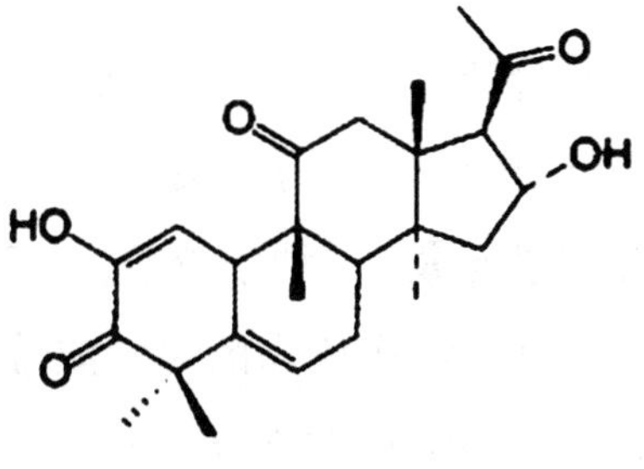

Hexanorcucurbitacin I（31）

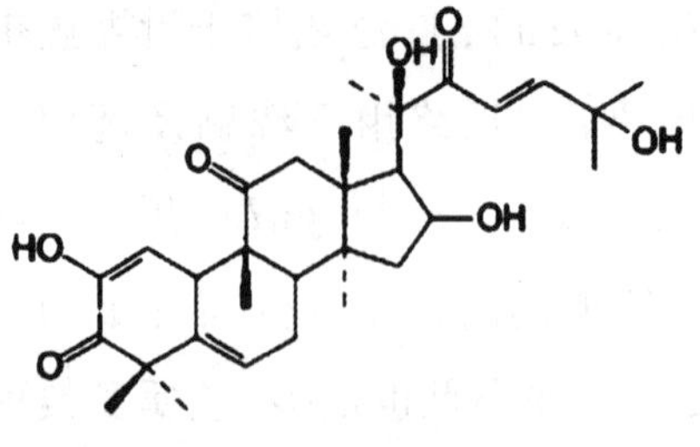

葫芦素I（cucurbitacin I）（32）

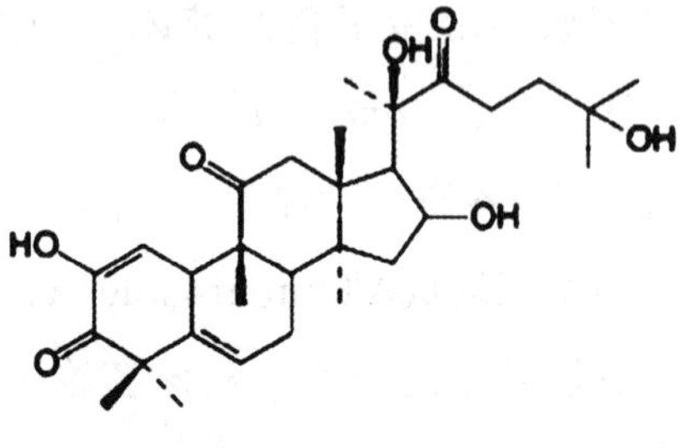

葫芦素L（cucurbitacin L）（33）

野生，但果远较小。果肉可作菜蔬，蜜饯；果皮种子入药，其变种节瓜*B. hispida* var. *chiehqua*，两广普遍栽培，果作菜蔬。冬瓜中的化学成分研究中没有发现常见的葫芦素三萜、达玛烷三萜和五环三萜等化合物，但从果发现有羽扇醇乙酯（Lupeol acetate）[33]，也发现一些黄酮类C-甙。

西瓜属*Citrullus*，叶羽状深裂，卷须2~3歧，雌雄花单生稀簇生，药隔不伸出，果实大型，肉质。4~9种，分布于地中海东部、非洲热带、亚洲西部；我国栽培1种，即西瓜*C. lanatus*，原产可能为非洲，金、元时始传入我国。本种果实为夏季水果，种子为消遣食品，果皮药用。本属植物化学成分研究较多，从*C. colocynthis*种子中分离出葫芦素D，I，B，E，L（cucurbitacins D，I，B，E，L；32，33）[34]。该植物的地上部分和果实中发现有一系列黄酮C-甙[30]。该属植物是较为典型的葫芦素三萜成分为主的化学居群。

三裂瓜属*Biswarea*，叶3~7裂，卷须2歧，雄花序总状，雌花单生，雄花之花萼筒狭长，筒状或漏斗状，长可达3cm；果实三棱状，3瓣裂至基部，种子多数，水平生。单种属，三裂瓜*B. tonglensis*，产于我国云南西北部至缅甸、印度北部和锡金。该属植物的化学成分研究未见报道。

波棱瓜属*Herpetospermum*，叶具长柄，浅裂；花萼筒宽而被毛，果实3瓣裂至基部，种子少数，悬垂。单种属，分布于我国云南、西藏和尼泊尔、印度。该属植物的化学成分研究较少，大多数研究均是从波棱瓜*H. pedunculosum*（异名*H. caudigerum*）种子分离得到，而化合物类型也很单调，仅仅发现了一系列木脂素类物质，是松柏醇的二聚、三聚、四聚体，甚至有的为五聚体；如Herpepentol I, II（34, 35）和Herpetetrone（36）即为较典型的化合物[35]。从中的化合物特点也表明了波棱瓜属的特别系统位置。

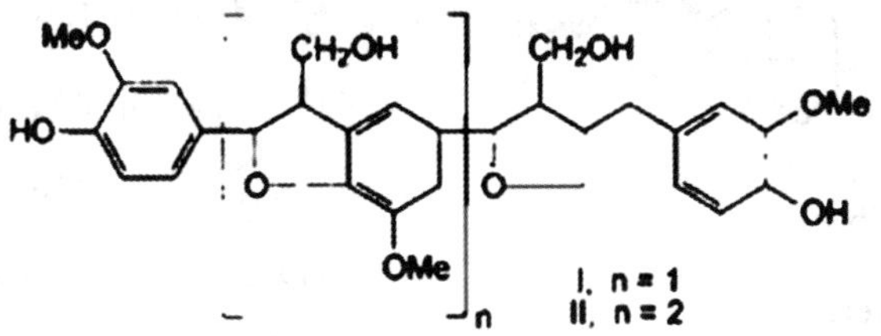

Herpepentol Ⅰ,Ⅱ（34, 35）

金瓜属*Gymnopetalum*，叶五角形或3~5裂，雌雄同株或异株，雄花单生或总状花序，花萼筒管状伸长，裂片近钻形；雌花单生，果不开裂。6种，分布于印度半岛、中南半岛和我国。我国有金瓜*G. chinense*和凤瓜*G. Integrifolium* 2种。分布在我国云南、贵州和印度、越南、马来西亚和印度尼西亚。从凤瓜的种子中发现了几个新的葫芦素甙，其中aoibclyin（37）具有与喷瓜中发现的C-23与C-16氧桥连接的葫芦素类型，同时也分离到了新型五环三萜化合物（38）[36]。

葫芦属*Lagenaria*，攀援草本，被粘毛，叶柄顶端具一对腺体。花大，白色，雌、雄花均单生。果实多型，成熟后果皮木质，中空。6种，主分布于热带非洲，我国有1种3变种。葫芦*L. siceraria*种植历史悠久，成熟果实外壳可作各种容器或儿童玩具。其变种瓠子（*L.siceraria* var. *hispida*）幼果柔软多汁，可作菜蔬，瓠子之成熟果实除作容器外，古代和近代许多少数民族作乐器，西南少数民族作葫芦笙或葫芦丝，音调优美。葫芦的果实含有葫芦素D类化合物；瓠子的果实中则含有葫芦素B和D。*L.leucantha*的种子中发现了2个赤霉素GA_{50}和GA_{52}[37]。

除上述各属外，本族尚有11属，如*Bryonia*产欧亚非和金丝雀岛，*Acanthosicyos*产热带非洲南部沙丘上，果实、种子可食。

4.2.5　族5. 栝楼族 Trib. Trichosantheae　花大，花萼筒很长，花瓣流苏状，雄蕊3，花药靠合成或合生，药室对折，花粉粒具条纹或皱。

栝楼属*Trichosanthes*，草质或稀木质藤本，花瓣（花冠裂片）具长约

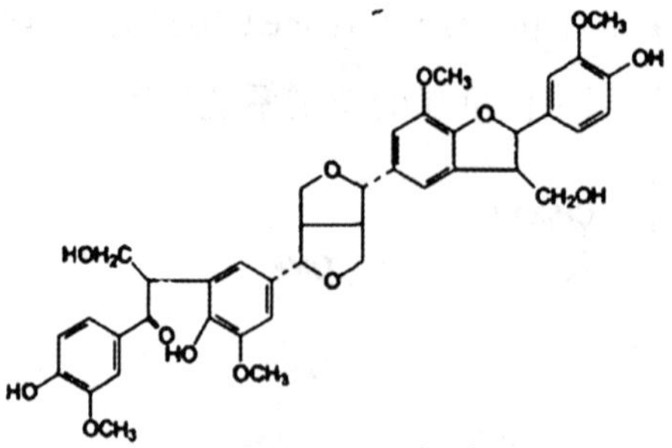

Herpetetrone（36）

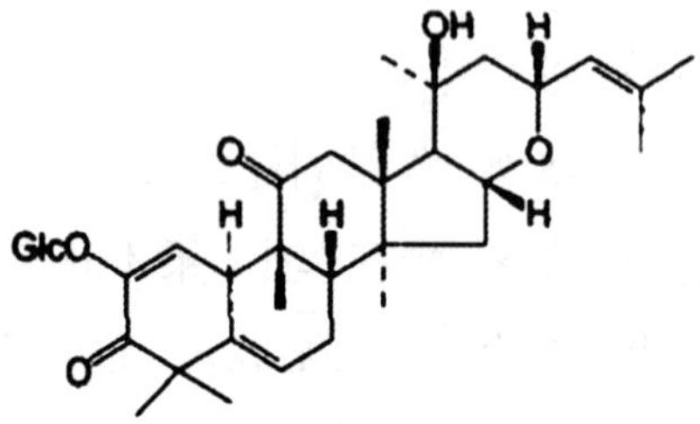

Aoibclyin（37）

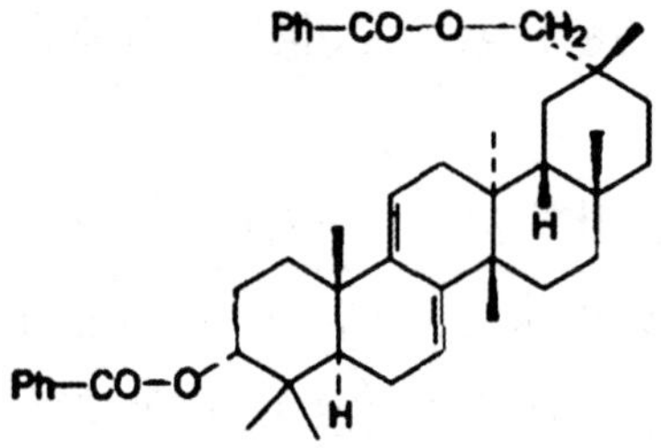

Gymnoside（38）

7cm以内的流苏，果实中等大，具多数种子。约50~60种，分布于东南亚，由此向南经马来西亚至澳大利亚北部，向北经中国至朝鲜、日本。我国有34种6变种，分布于全国各地，以华南和西南地区最多。该属分2亚属3组2亚组。亚属1. 栝楼亚属Subgen. *Trichosanthes*，种子1室，压扁或膨胀。组1. 大苞组Sect. Involucraria，具块根，雌雄异株，雄花苞片边缘具锐裂齿，稀为牙齿。亚组1. 大苞亚组Subsect. Bracteatae，雄蕊苞片边缘具锐裂齿，稀全缘。国产12种，其中红花栝楼*T. rubriflos*，糙点栝楼*T. dunniana*，马铃干栝楼*T. lepiniana*等的果实或根均入药。亚组2. 趾叶亚组Subsect. Pedatae叶为趾状复叶，具3~5小叶，苞片边缘具锐裂齿或牙齿，2种。趾叶栝楼*T. pedata*产江西、湖南、广东、广西和云南，分布越南，块根或全草有清凉散毒之功效。木基栝楼*T. quinquefolia*为云南特有。组2. 叶苞组Sect. Foliobracteola，雄花苞片边缘具粗齿，果瓤橙黄色。本组国产13种，其中栝楼*T. kirilowii*分布最广，由老挝、越南、我国西南分布到华中、华东、华北至辽宁。根果为传统中药天花粉和栝楼，天花粉蛋白是良好的避孕药，近来报道具有抗HIV活性。组3.蛇瓜组Sect. Anguina原误为栝楼组（Sect. Trichosanthes），一年草木藤本，雌雄同株，苞片极小，或无。蛇瓜，也称豆角黄瓜*T. anguina*，果长1~2m，常扭曲，幼时供蔬食，亦可药用。瓜叶栝楼*T. cucumerina*，果实卵状圆锥形，长5~7cm，分布于我国云南、广西和斯里兰卡、巴基斯坦、印度、尼泊尔、孟加拉、缅甸、中南半岛、马来西亚、澳大利亚西部和北部。亚属2. 王瓜亚属Subgen. *Cucumeroides*，种子3室，中央室具种子1粒，两侧室空。国产5种，方粒栝楼*T. tetragonosperma*、杏籽栝楼*T. trichocarpa*为我国云南特有，短序栝楼*T. brviensis*为我国云南、贵州、广西与越南北部共有，王瓜*T. cucumeroides*为我国华东、华中、华南和西南地区与日本共有，全缘栝楼*T. ovigera*分布于东喜马拉雅经我国云南、贵州、广西及广东、越南、泰国达印度尼西亚，日本也有。栝楼*T. kirilowii*的天花粉蛋白是最为著名的化学成分，从其种子中发现了栝楼葫芦素I，II（39，40）[38]，系氧化程度较低的简单葫芦素类物质。还发现了两个新的环阿廷烷（Cycloartane）型化合物Cyclokirilodiol和Isocyclokirilodiol （41，42）[39]，大量的齐墩果烷型三萜化合物也被分离出来。该属植物有不少植物甾醇类物质发现，而从*T. palmata*中发现了一个羊毛甾醇的配糖体Trichonin（43）[40]。栝楼属也是化学成分复杂多变的属。

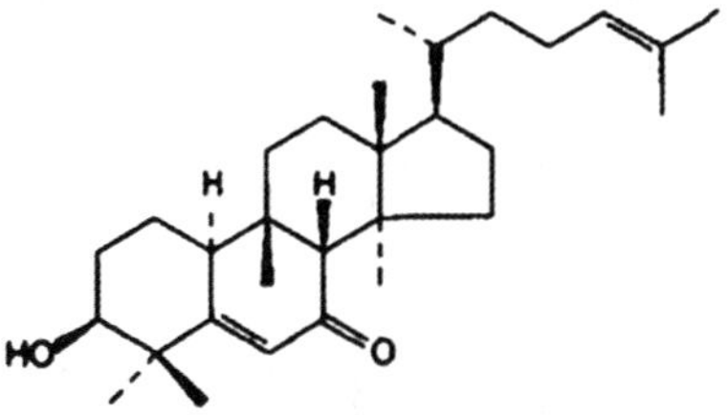

栝楼葫芦素I（Trichine I）（39）

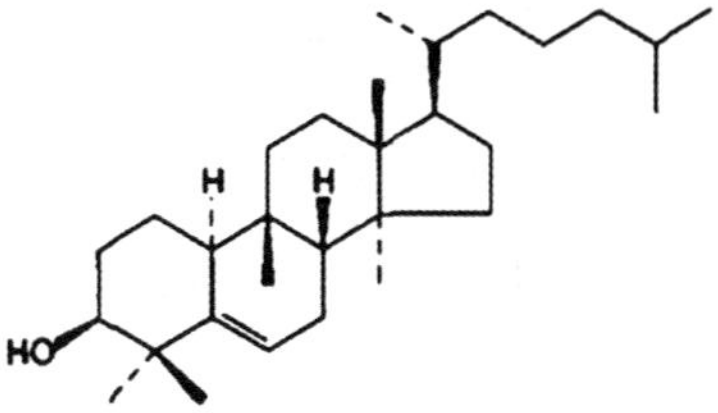

栝楼葫芦素Ⅱ（Trichine Ⅱ）（40）

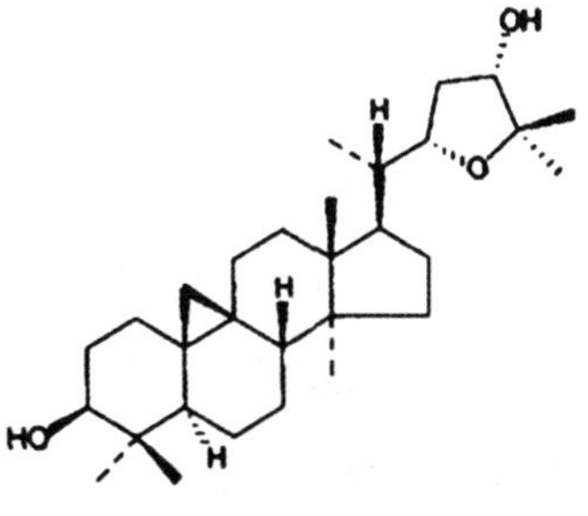

Cyclokirilodiol（41）

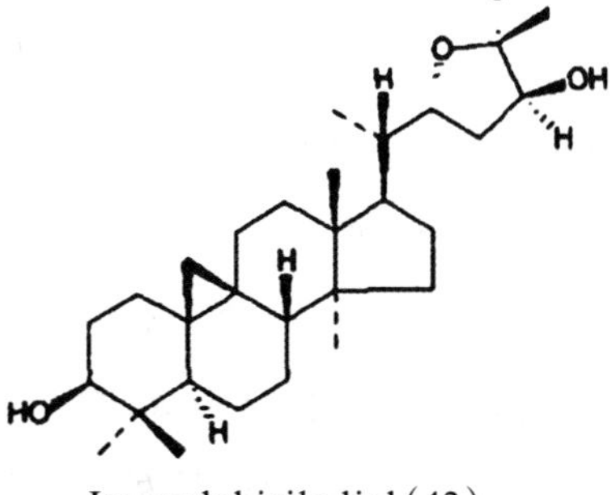

Isocyclokirilodiol（42）

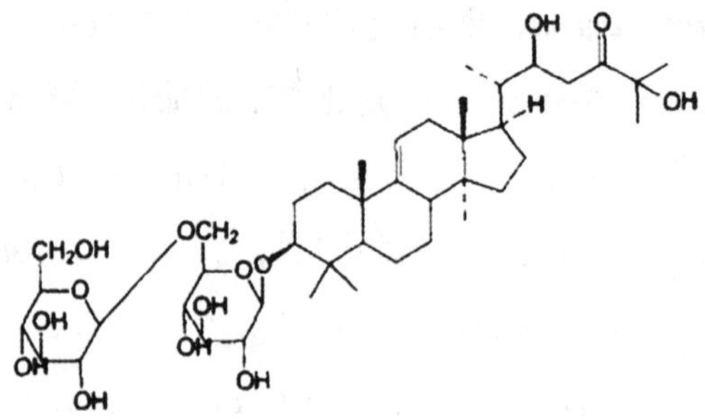

Trichonin(43)

油渣果属*Hodgsonia*，木质大藤本，雌雄异株，花冠流苏长达15cm，果大，仅含6枚种子。1种，1变种。分布于印度、孟加拉、缅甸和马来西亚。我国均产，见于云南、西藏和广西。油渣果*H. macrocarpa*及其变种腺点油瓜*H. macrocarpa* var. *capniocarpa*的种子富含油脂，可食。该属化学成分研究较少，仅有*H. capniocarpa*种子中油脂成分分析的报道，包括脂肪酸和甘油酯[41]。

4.2.6　族6. 南瓜族 Trib. Cucurbiteae 本族花萼管花瓣均同冬瓜族Benincasae，但花粉粒具刺，胚珠有时少数。约12属，其中南瓜属*Cucurbita* 3种，我国引种栽培。南瓜*C. moschata*，花萼裂片条状，顶端扩大成叶状，瓜蒂扩大成喇叭状，原产墨西哥至中美洲一带，世界各地栽培；明代传入我国，现南北各地广泛栽培。果作菜蔬，亦可代粮，全株各部可供药用。笋瓜（北瓜，搅丝瓜）*C. maxima*，叶片肾形或圆形，近全缘或仅具细齿，花萼裂片线状披针形，果梗不具棱及槽，瓜蒂不扩大或稍膨大。原产印度，我国南北普遍栽培。果作蔬菜。西葫芦*C. pepo*，叶片三角形或卵状三角形，边缘具不规则的锐齿，花萼裂片狭披针状，果梗具明显的棱槽，瓜蒂稍变粗，但不呈喇叭状。我国清代自欧洲引入，各地均栽培，果作蔬菜。近年陕西引种成功水牛瓜*C. foetidissima*，其耐旱，且根可食。水牛瓜根中含有葫芦素B、E和其他葫芦素类化合物，还含有一些齐墩果酸型双边接糖甙，如水牛瓜甙A(foetdissimoside A, 44)[42]。在引入我国栽培的该植物称为臭瓜，从其根中除了发现上述化合物外，还发现了另一个五环三萜化合物Bryonolic acid[43]。在其他一些南瓜属的笋瓜*C. maxima*种子中发现有赤霉素A_{58}，而西葫芦*C. pepo*种子中发现了赤霉素A_{39}，A_{48}，A_{49}[44]。

此外，本族还有11属，均产新世界。*Cayaponia* 45种，主产热带至亚热带南美洲。*Peponopsis* 1种产墨西哥。*Sicana* 1种，产热带美洲，果可食。

4.2.7 族7. 佛手瓜族 Trib. Sicyoeae（Sicyoideae） 雄蕊3或稀2，花丝合生成柱，花药分离或靠合，胚珠多数而水平生或少数至1枚，悬垂，花粉粒带小刺。

佛手瓜（洋丝瓜）属*Sechium*，具块根，雌雄同株，花萼筒半球行，子房具1胚珠，悬垂生，果肉质，具一大种子，近胎生。1种，主产美洲热带地区。佛手瓜*S. edule*由南美引入我国云南，现已逸为野生，南方栽培，供作蔬菜。佛手瓜的种子中发现有赤霉素A_1~A_9（Gibberelline A_1~A_9），花粉中发现了山柰黄素3-O-芸香糖甙[45]。*S. pittieri*和*S. talamancense*的果实及地上部分，分离出了一系列齐墩果酸型皂甙，多为C-3和C-28双边接糖的，糖数较多的配糖体，称之为佛手瓜甙，佛手瓜甙A1，B1（Tacacosides A1，B1；45，46）为代表化合物[46]。该属植物有胎生特点，种子存在许多赤霉素，而化学成分则以齐墩果酸型皂甙为主，与赤瓟属相类似。

红瓜属*Coccinia*，具块根的草质藤本，雌雄异株或稀同株，花萼筒短，钟状或陀螺状，子房具多数水平生胚珠，果浆果状，不开裂，种子多数。约50种，主产非洲热带。我国仅有红瓜*C. grandia* 1种，产广东、广西和云南。我国产红瓜的化学成分未见报道，化学成分研究最为充分的是*C. indica*，从果实中发现了葫芦素B，β-香树素（β-amyrin），白桦烷醇（Lupeol）[47]，报道最多的是蒲公英甾醇（Taraxerol）。*C. cordifolia*中的化学成分也有一些报道。本属主要含有葫芦素和五环三萜类化合物，与本科多数科属的化学证据基本一致。

刺瓜藤属*Sicyos*，草质藤本，果小，具刺。约50种。澳大利亚、塔斯马尼亚、新西兰、西太平洋诸岛至夏威夷与热带南美洲间断分布，其中1种已引到我国四川、云南和台湾。相关化学成分研究仅有从*S. angulatus*分离到一个甾醇的报道。引到我国的品种植物还未确定种。

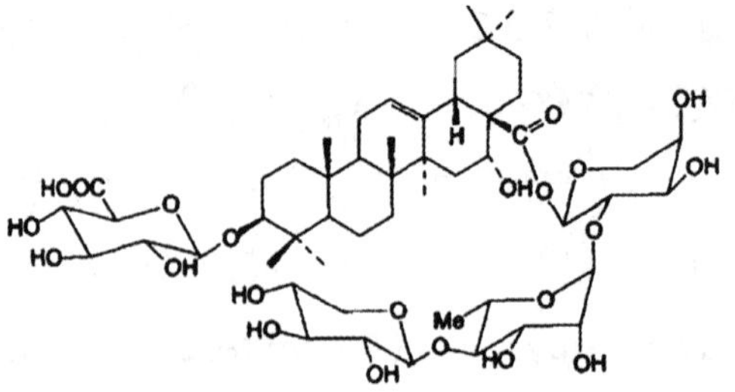

水牛瓜甙A（Foetdissimoside A）（44）

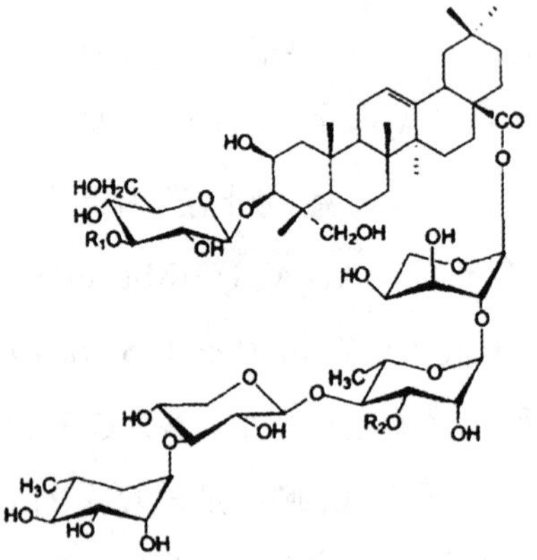

	R_1	R_2
Tacacoside A_1	*β-D*-Glucopyrannosyl	*β-D*-Apiofuranosyl（45）
B_1	H	*β-D*-Apiofuranosyl（46）

该族还有3~4属，均产于新世界至夏威夷。

4.2.8　族8. 小雀瓜族 Trib. Cyclanthereae 雄蕊花丝合生成柱状，花药在花丝柱顶端成水平环状；种子1枚，直立或下垂生，稀少数几枚至多数。5属，我国引种栽培1属。

小雀瓜属*Cyclanthera*，多年生或一年生草质藤本，叶不分离、分离或趾状5~7小叶。雌雄同株，花萼筒碟状或杯状，雄蕊1，花丝极短，花药水平生，1室，环状。子房1~3室或2至多个小腔室。果实近肉质，具刺状毛或皮刺。约50种，分布于热带美洲。我国云南引种小雀瓜*C. Pedata* 1种，幼苗和果食作蔬菜。本种族有4属，果多3瓣卷裂，喷出瓤和种子。在小雀瓜的种子中分离到6个降29-甲基的葫芦素类三萜配糖体，化合物I，II（47，48）就是其中的特征成分的代表[48]，同时从该植物的果实中发现了7个新的三萜配糖体及黄酮甙类化合物。该属属于化合物成分比较复杂的植物类群。

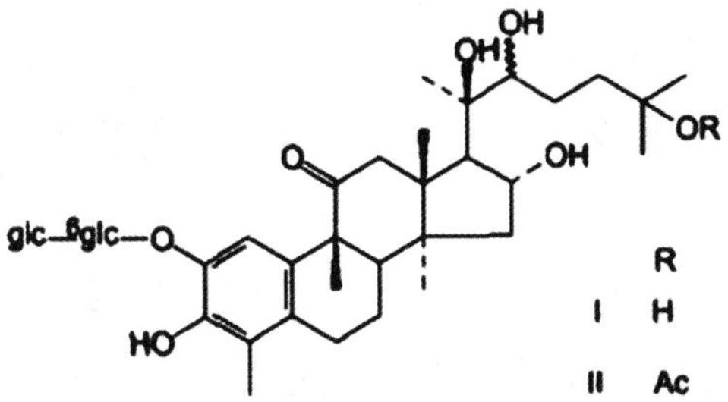

小雀瓜葫芦素Ⅰ，Ⅱ（Cyclanoside Ⅰ，Ⅱ）（47，48）

5 讨论

5.1 葫芦科全世界约110~122属，775~960种，主要分布在热带与亚热带地区，少数延至温带地区。我国有38属，约150种，主要分布于西南部和南部，少数种类散布至北部。由于该科植物许多瓜果不仅可供观赏，作果蔬，而且有良好药用价值，因而栽培品种特别多，我国的许多葫芦科植物均从国外引种栽培产生。本科的化学成分研究资料不是十分充分，而且呈现十分复杂的状态。以前一直认为葫芦素四环三萜为葫芦科的特征化学成分[49]，但至今在盒子草属、假贝母属、绞股蓝属和佛手瓜属植物中还未见葫芦素化合物的报道。但按最近吴征镒、汤彦承、路安民等（2003）在其被子植物的八纲分类系统中，将葫芦科、秋海棠科、四数木科（Tetramelaceae）及Datiscaceae等4科，组成葫芦目（Cucurbitales）是比较合适的，这些科的植物中也发现有葫芦素类物质存在。而葫芦科内亚科、族、属、亚属，直至种等的划分，则与几类主要化学成分的分布还存在不十分吻合之处，如以达玛三萜及配糖体化学成分为主，而没有葫芦素类化合物的棒锤瓜属和绞股蓝属分属不同亚科；而以五环三萜及配糖体化学成分为主，而没有葫芦素类化合物的佛手瓜属在南瓜亚科。而从族下看，盒子草属和假贝母属以葫芦烷三萜和五环三萜及配糖体为主，且复杂五环三萜及其配糖体的结构十分类似，表明放在一个族下，非常恰当。我国栽培的葫芦科植物中许多属，因为引种栽培所致，品种单一，变异很大，而且本身变化也不小，在分布上间断特点突出，要用化学成分来佐证分类学的系统亲缘，目前还需要积累更多更充分的化学研究成果加以说明，可能会更有说服力。

5.2 雪胆属、赤瓟属、绞股蓝属等是我国分布较为集中的属，特别是雪胆属，除有一种分布在印度外，全部在我国，西南部最多，是以我国西南为中心分化的单系发生的属，十分特殊。从化学成分研究结果看，马铜铃雪胆自成一组，符合该植物的形态特点和无膨大块茎的特殊性；其他种类基本有较大的块茎，而大部分种类基本以葫芦素（甚至以雪胆素类）为主，化学证据基本支持属下划分，但帽果雪胆则没有发现葫芦素存在，而基本上是五环三萜及其皂甙为主，化学成分上与赤瓟属的十分类似，原来推测为这两个属之间的过渡种；目前的系统将雪胆属和赤瓟属放在不同的亚科中，单凭化学成分证据改变系统学划分，是不太可能的。但雪胆属内种的化学成分研究结果，可能在一定程度上反映了雪胆属内种的演化的一个过程，说明不同的种群处在不同的演化阶段。而进化程度的差异，造成了酶系统的差异和次生代谢产物的生物合成或积累有了很大的不同。如李德铢认为：十一叶雪胆（*Hemsleya endecaphylla*）的演化过程一定程度上反映了青藏高原隆起的地质变化与演化进化[18]，事实上在我国西南地区漫长的造山运动中，地质、地貌、气候的变化，完全可能造成这一地区物种的复杂性，而雪胆属形态差异可能来源于此。而这是由于该属植物的复杂多变，种的分化或类群更加复杂，如果采用小种的概念，还会有更多的种群分离出来。我们认为，用大种概念处理雪胆这样的属，更能准确反映其系统的演化过程。本研究组还进行了雪胆属的核糖体DNA的片段ITS进行了许多研究，但已经属于种或类群的水平，就不再论述。

5.3 由于葫芦科植物的化学成分研究结果，目前还比较少，有待完善。现有的化学证据还很难支持整个科的某一个系统，而目前宏观的形态分类学研究也还在不断地丰富和完善，因而本文就不再引用更多的学科的研究成果，或把细胞、胞粉、染色体、分子生物学等结果引进来讨论，得出更具体的结论。目前整个研究的资料还有待完善，而分类系统也可能在各个植物学的分支学科的研究成果不断完善同时，更加清晰合理，与化学成分的研究资料也能更好地相互吻合。

5.4 葫芦科中以葫芦素为代表的苦味物质的分布很广，而且四环三萜类型的分布全面，以葫芦烷为主，还有达玛烷，羊毛甾烷也有存在。从化学结构看，差别很小，只是19-甲基的位置出现在C-9还是C-10位上，或18-甲基出现在C-13还是C-14位置上；但从其生源合成途径看，差异是很大的。表明在葫芦科中的四环三萜类物质，在生物合成过程中参与的酶系或生物合成反应是完全不同的，这些不同类型的化合物在植物中的生物学意义也不应该完全一样。葫芦素类苦味物质被认为是防止或阻止动物对其伤害的生态物质[47]，而达玛烷配糖体的生态学意义未见有报道。一般认为，五环三萜是在四环三萜的基础上生物合成产生的，进化程度更高，葫芦科植物中次生代谢产物的复杂多样，形成了该科植物化学多态（chemical polymorphism）的现象，表现了该科植物分布区域广，地理复杂多样，可能与这些植物的种群演化过程是相适应的，而其化学进化的复杂性，尽管目前较难总结出化学进化关系，但可以看出绞股蓝属、棒锤瓜属的化学进化相对比较原始，而赤瓟属则化学进化程度较高。

致谢 本文在化学成分内容上参考了陈书坤、聂瑞麟先生在《新华本草纲要》第二卷葫芦科部分，及美国化学会SciFinder系统检索的葫芦科的研究资料。在撰写过程中，周俊院士给予了指导和建议。

参考文献

[1] 路安民，陈书坤. 中国植物志. 北京：科学出版社，1986，73：84~250

[2] 吴征镒，路安民. 中国被子植物科属综论. 北京：科学出版社，2003

[3] Wu ZY（吴征镒），Lu AM（路安民），Tang YC（汤彦承），Chen ZD（陈之端），Li DZ （李德铢）. Synops is of a new "polyphyletic-polychronic-polytopic" system of the angiosperms. *Acta Phytotax Sin*

（植物分类学报），2002, 40（4）：289~322

[4] 陈书坤，聂瑞麟. 新华本草纲要（第二册）. 上海：上海科技出版社，1991. 310~330

[5] Kasai R, Mazuhiro M, Nie RL, Morita T, Awazu A, Zhou J and Tanaka O. Sweet and bitter cucurbitane glycosides from *Hemsleya carnosiflora*. *Phytochemistry*, 1987, 26（5）：1371~1376

[6] Qiu MH （邱明华）, Nie RL （聂瑞麟）, Li ZR （李忠荣）, Kasai R, Zhou J （周俊）. A new dammarane triterpenoid from *Neoalsomitra integrifoliola*. *Acta Bot Yunnanica* （云南植物研究）, 1992, 14（4）：442~444

[7] Morita T, Nie RL, Fujino H, Ito K, Matsufuji N, Kasai R, Zhou J, Wu, CY, Yata N and Tanaka O. Saponins from Chinese cucurbitaceous plants: solubilization of saikosaponin-a with hemslosides Ma2 and Ma3 and structure of hemsloside H_1 from *Hemsleya chinensis*. *Chem Pharm Bull*, 1986, 34（1）：401~405

[8] Chiu MH （邱明华）, Nie RL, Nagasawa H, Isogai A, Zhou J and Suzuki A. A new dammarane triterpenoid from *Neoalsomitra integrifoliola*. *Phytochemistry*, 1992, 31（7） ：2451~2453

[9] Fujita S, Kasai R, Ohtani K, Yamasaki K, Chiu MH, Nie RL and Tanaka O. Dammarane glycosides from aerial parts of *Neoalsomitra integrifoliola*. *Phytochemistry*, 1995, 39（3）：591~602

[10] Fujioka T, Iwamoto M, Iwase Y, Hachiyama S, Okabe H, Yamauchi T and Mihashi K. Studies on the constituents of *Actinostemma lobatum* Maxim V: structures of lobatosides B, E, F, and G, the dicrotalic acid esters of bayogenin bisdesmosides isolated from the herb. *Chem &Pharm Bull*, 1989, 37（9）：2355~2360

[11] Fujioka T, Iwase Y, Okabe H, MihashiK and Yamauchi T. Studies on the constituents of *Actinostemma lobatum* Maxim Ⅱ: structures of

actinostemmosides G and H, new dammarane triterpene glycosides isolated from the herb. *Chem&Pharm Bull*, 1987, 35(9): 3870~3873

[12] Miyakoshi M, Kasai R, Nishioka M, Ochiai H and Tanaka O. Solubilizing effect and inclusion reaction of cyclic bisdesmosides from tubers of *Bolbostemma paniculatum*. *Yakugaku Zasshi*, 1990, 110(12): 943~949

[13] 吴征镒, 陈书坤. 中国绞股蓝(葫芦科)的研究. 植物分类学报, 1983, 21(4): 355~369

[14] Takemoto T, Arihara S and Yoshikawa K. Studies on the constituents of Cucurbitaceae plants XIV: on the sapon in constituents of *Gynostemma pentaphyllum* Makino. *Yakugaku Zasshi*, 1986, 106(8): 664~670

[15] Ding SL (丁树利), Zhu ZY (朱兆仪). Studies on chemical constituents of *Gynostemma compressum*. *Acta Pharm Sin* (药学学报), 1993, 28(5): 364~369

[16] 吴征镒, 陈宗莲. 中国植物志资料——雪胆属. 植物分类学报, 1985, 23(2): 102~139

[17] 李德铢. 雪胆属的系统与进化. 昆明: 云南科技出版社, 1993

[18] 高娟. 雪胆属两种植物的化学成分研究与分子系统进化探讨: [硕士学位论文]. 昆明: 中国科学院昆明植物研究所, 2000

[19] 陈维新, 聂瑞麟, 陈毓群, 夏克敏. 圆果雪胆中的雪胆甲素和雪胆乙素的结构. 化学学报, 1975, 33(1): 49~56

[20] 林玉萍. 雪胆属两种药用植物的化学成分研究: [硕士学位论文]. 昆明: 中国科学院昆明植物研究所, 2002

[21] 李建强. 赤瓟属的系统分类: [博士学位论文]. 昆明: 中国科学院昆明植物研究所, 1997

[22] Nie RL, Tanaka T, Miyakoshi M, Kasai R, Morita T, Zhou J and Tanaka O. A triterpenoid saponin from *Thladiantha hookeri* var. *pentadactyla*. *Phytochemistry*, 1989, 28(6): 1711~1715

[23] Li ZR（李忠荣）, Qiu MH（邱明华）, Xu XJ（徐学平）, Tian J（田军）, Nie RL（聂瑞麟）, Duan ZH（段志红）, Lei ZM（雷泽模）. Triterpenoid saponivls and a cucurbitacin from *Thladiantha cordifolia*. *Acta Bot Yunnanica*（云南植物研究）, 1998, 20(3): 379~382

[24] Li JQ（李建强）. A revision of the genus Siraitia Merr. and two new genera of cucurbitaceae. *Acta Phytotaxon Sin*（植物分类学报）, 1993, 31(1): 45~55

[25] Kasai R, Nie RL, Nashi K, Ohtani K, Zhou J, Tao GD and Tanaka O. Sweet cucurbitane glycosides from fruits of *Siraitia siamensis*（chizi luo-han-guo）, a Chinese folk medicine. *Agri & Biol Chem*, 1989, 53(12): 3347~3349

[26] Wang XF（王雪芬）, Lu WJ（卢文杰）, Chen JY（陈家源）, Gong MY（龚敏阳）, Li YH（李宇红）, Lu D（卢多）, Lü Y（吕扬）, Zheng QT（郑启泰）. Studies on the chemical constituents of root of Luohanguo（Siraitia grosvenori）(I). 中草药, 1996, 27(9): 515~518

[27] Okabe H, *et al.* Bitter principles and their related compounds in the fruits of *Momordica charantia* L. *Tennen Yuki Kagobutsu Toronkai Koen Yoshishu*, 1981, 24: 95~102

[28] Itoh T, Kikuchi Y, Shimizu N, Tamura T and Matsumoto T. 24*β*-ethyl-31-norlanosta-8, 25(27)-dien-3*β*-ol and 24β-ethyl-25(27)-dehydrolophenol in seeds of three Cucurbitaceae species. *Phytochemistry*, 1981, 20: 1929~1933

[29] Al-Rehaily, Adnan J, Al-Yahya, Mohammad A Mirza Humayun H, Ahmed Bahar. Cucumidisecosterol: a new diseco-sterol from Cucumis prophetarum. *Pharm Biol*（Lisse, Netherlands）, 2002, 40(2): 154~159

[30] Kusumoto K, Nagao T, Okabe H and Yamauchi T. Studies on the constituents of *Luffa operculata* Cogn I: isolation and structures of luperosides A-H, dammarane type triterpene glycosides in the herb. *Chem Pharm Bull*, 1989, 37（1）: 18~22

[31] Setsuko, Motoyoshi S, Isao H, Atsuyo K, Kazu S, Maiko T, Hiromitsu T, Takashi H, Ken-ichi K. Studies on chemical constituents of South American medicinal plants targeting intracellular signal transduction pathway. *Tennen Yuki Kagobutsu Toronkai Koen Yoshishu*, 2000, 42: 463~468

[32] Rao MM, Meshulam H and Lavie D. Constituents of *Ecballium elaterium* XXIII: cucurbitacins and hexanorcucurbitacins. *J Chem Soc Perkin* I, 1974 （22）: 2552~2556

[33] Yoshizumi S, Murakami T, Kadoya M, Matsuda H, Yamahara J and Yosh ikawa M. Medicinal foodstuffs XI: histamine release inhibitors from wax gourd, the fruits of *Benincasa hispida* Cogn. *Yakugaku Zasshi*, 1998, 118（5）: 188~192

[34] El-Gengaihi, SE; Mohamed, SM.; Ibrahim, NA. Phytochemical and insecticidal investigation of *Citrullus colocynthis* Schrads. *Bull Pharm* （Cairo Univ）, 1998, 36（1）: 47~51

[35] Kaouadji M, Favre-Bonvin J, Sarrazin F and Davoust D. Herpetetrone, another tetrameric lignoid from *Herpetospermum caudigerum* seeds. *J Nat Prod*, 1987, 50（6）: 1089~1094.

[36] Sekine T, Kurihara H, Wayumi M, Ikegami F, Ruangrungsi N. A new pentacyclic cucurbitane glucoside and a new triterpene from the fruits of *Gymnopetalum integrifolium*. *Chem&Pharm Bull*, 2002, 50（5）: 645~648

[37] Fukui H, Koshimizu K and Nemori R. Two new gibberellins A_{50} and A_{52} in seeds of *Lagenaria leucantha*. *Agri Biol Chem*, 1978, 42（8）:

1571~1576

[38] Akihisa T, Yasukawa K, Kimura Y, Takido M, Kokke WCMC and Tamura T. 7-OXO-10α-cucurbitadienol from the seeds of *Trichosanthes kirilowii* and its anti-inflammatory effect. *Phytochemistry*, 1994, 36（1）: 153~157

[39] Kimura Y, Akihisa T, Yasukawa K, Takase S, Tamura T and Ida Y. Cyclokirilodiol and isocyclokirilodiol: two novel cycloartanes from the seeds of *Trichosanthes kirilowii* Maxim. *Chem Pharm Bull*, 1997, 45（2）: 415~417

[40] Bhandari Prabha, *et al.* Chemical constituents of *Trichosanthes palmate. Indian J Chem*（*Sect B*）: *Org Chem Including Med Chem*, 1983, 22B（3）: 252~256

[41] Hilditch TP, *et al.* Fatty acids and glycerides of solid seed fats VIII: the seed fat of *Hodgsonia capniocarpa. J Soc Chem Ind*, 1939, 58: 27~28

[42] Dubois MA, Bauer R, Cagiotti MR and Wagner H. Foetidissimoside A, a new 3, 28-bidesmosidic triterpenoid saponin, and cucurbitacins from *Cucurbita foetidissima. Phytochemistry*, 1988, 27（3）: 881~885

[43] 樊娟，冯宝树，邱明华，聂瑞麟. 臭瓜根的化学成分. 云南植物研究，1988, 10（4）: 475~479

[44] Fukui H, Nemori R, Koshimizu K and Yamazaki Y. Structures of gibberellins A_{39}, A_{48}, A_{49} and a new kaurenolide in *Cucurbita pepo* L. *Agri Biol Chem*, 1977, 41（1）: 181~187

[45] Lorenzi R and Ceccarelli N. Isolation and characterization of conjugated gibberellins in maturing seeds of *Sechium edule. Phytochemistry*, 1986, 25（4）: 817~822

[46] Castro VH, Ramirez E, Mora GA, Iwase Y, Nagao T, Okabe H, Matsunaga H, Katano M and Mori M. Structures and antiproliferative activity of saponins from *Sechium pittieri* and *S. talamancense. Chem*

Pharm Bull, 1997, 45(2): 349~358

[47] Bhakuni DS, *et al.* Chemical examination of the fruits of *Coccinia indica*. *J Sci&Ind Res* (*Sect B*): *Phys Sci*, 1962, 21B: 237~238

[48] Tommasi De N, Simone De F, Speranza G and Pizza C. Studies on the constituents of *Cyclanthera pedata* (Caigua) seeds: isolation and characterization of six new cucurbitacin glycosides. *J Agri&Food Chem*, 1996, 44(8): 2020~2025

[49] 史密斯 PM 著; 胡昌序等译. 植物化学分类学. 北京: 科学出版社, 1980, 132~141

(邱明华、陈书坤、陈剑超、周琳、李忠荣、聂瑞麟:
《葫芦科化学分类学》,《应用与环境生物学报》2005年第11期)

金瓜葫芦

葫芦科植物叶黄酮成分分析及抗氧化能力研究

覃惠敏　陈全斌　梁永生

摘要 以6种常见葫芦科植物叶为研究对象，采用高效液相色谱测定其黄酮类化合物含量，并提取粗黄酮，再对其抗氧化能力进行研究探讨。所研究的葫芦科植物叶中含有黄酮甙元槲皮素、山柰酚和异鼠李素中的一种或几种。其总黄酮提取物具有很强的抗氧化性，且在相同浓度条件下其抗氧化性均比人工合成的抗氧化剂BHT强。

关键词 葫芦科植物；黄酮；抗氧化性

Study on Flavonoid and Its Anti-oxidant activity of Cucurbitaceous Crops Leaves

Qin Hui-min[1], Chen Quan-bin[1], Liang Yong-sheng[2]

([1] Environment and Resources Institute of Guangxi Normal University, Guilin 541004, China;

[2] Environmental Monitoring Station of Chongzuo City)

Abstract This article took the six kinds of common plant's leaves of cucurbitaceous as the object of study. We used HPLC to determine the contents of flavonoid and extracted rough flavonoid, and studied the antioxidant activity. There are one or more flavonoids in the six kinds of common plant's leaves of cucurbitaceous that we have studied, such as quercetin, kaempferol and isorhamnetin. The total flavonoid extracts has very strong anti-oxidant activity. Its anti-oxidant activity is stronger than BHT under the same density condition.

Key words Cucurbitaceae; leaf; flavonoid; anti-oxidant activity

葫芦科（Cucurbitaceae）隶属葫芦目（Cucurbitales），在全世界广布，但以热带与亚热带地区较多，少数延至温带地区，我国有3属，约150种，主要分布于西南部和南部，少数种类散布至北部[1]。葫芦科作物是重要的世界性经济作物，品种丰富，种类繁多，在蔬菜作物中占有极重要位置。其果实中含有丰富的碳水化合物、矿物质和抗坏血酸[2]。该科植物中有一些种类瓜果不仅可供观赏，作果蔬，而且有良好药用价值，如：冬瓜[3]、南瓜[4]、苦瓜[5]、丝瓜[6-7]、西瓜[8]、葫芦[9]、罗汉果[10]。

黄酮类化合物，是植物界分布最为广泛的一大类次生物质[11]，大多数具有显著生理药理活性，是许多中草药的有效成分。葫芦科植物一些属中发现有黄酮及其甙类化合物[12]。目前对葫芦科植物（如丝瓜、南瓜等）的研究有很多，但大多是果实保鲜及营养保健功能的研究利用，很少人对葫芦科植物叶的化学成分及药理作用进行系统研究，大量的葫芦科植物叶没有得以利用。因此，就葫芦科植物叶中的黄酮类化合物进行提取及含量测试，并对其进行抗氧化性实验研究。

1 黄酮成分提取实验

1.1 材料与试剂

材料：冬瓜叶、苦瓜叶、丝瓜叶、西瓜叶、南瓜叶、葫芦叶 （2008年7月采于桂林郊区）。

试剂：甲醇 （A. R）、盐酸 （A. R）、槲皮素、山柰酚、异鼠李素 （中国药品生物制品检定所提供10861-200303）。

1.2 实验仪器

P200Ⅱ型高效液相色谱仪 （大连依利特分析仪器有限公司生产），色谱柱：Hypersil C_{18}（5μm，4.6mm×250mm）。

1.3 样品的提取

提取按下列工艺流程进行：样品→煮沸（3次）→过滤→合并滤液→过大孔吸附树脂→水洗至无色→75%乙醇洗脱→洗脱液干燥→粗黄酮。

称取实验植物叶各取20.0g，破碎，置入500mL圆底烧瓶，再加300mL蒸馏水，煮沸，沸腾1h，冷却过滤，重复3次，合并滤液。将滤液以20mL/min的速度过大孔吸附树脂柱（ϕ 4.0cm×60cm）。吸附完后，首先用蒸馏水洗柱，至流出液无色，然后用75%的乙醇洗脱。洗脱液用旋转蒸发仪旋干，得到粗黄酮，样品颜色均为红褐色。

1.4 总黄酮的含量测试

样品总黄酮的含量测试具体实验方法参照参考文献中相关方法[13]，分别取混合标准样和样品待测溶液进样，其中混合标准样色谱图见图1，部分样品色谱图分别见图2和图3。

实验总黄酮含量是以所含黄酮甙元之和计算，如：总黄酮=槲皮素+山柰酚+异鼠李素。测试结果见表1。经实验，冬瓜叶的粗黄酮提取率为8.75%，苦瓜叶为9.05%，丝瓜叶为5.00%，西瓜叶为8.90%，南瓜叶为4.40%，葫芦叶为6.05%。

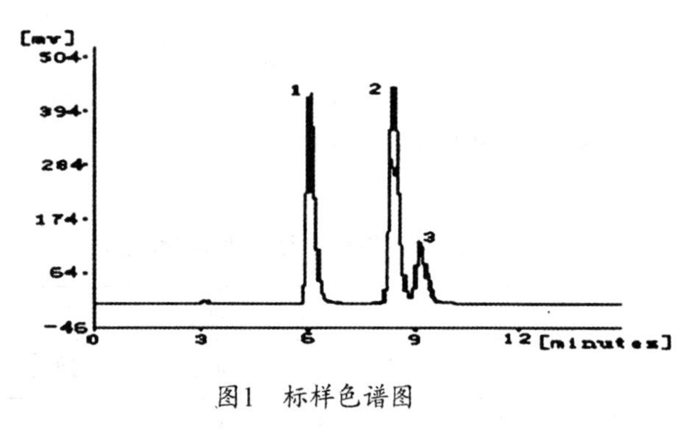

图1 标样色谱图

t槲皮素=6.08 min　　t山柰酚=8.41 min　　t异鼠李素=9.18 min

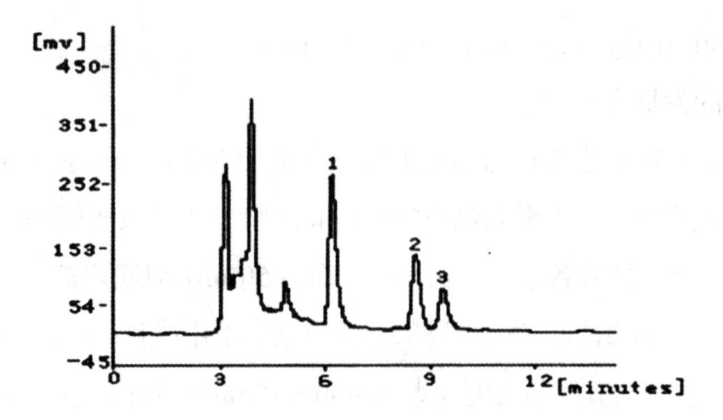

图2　南瓜叶样品色谱图

$t_{槲皮素}$=6.12 min　　$t_{山柰酚}$=8.53 min　　$t_{异鼠李素}$=9.30 min

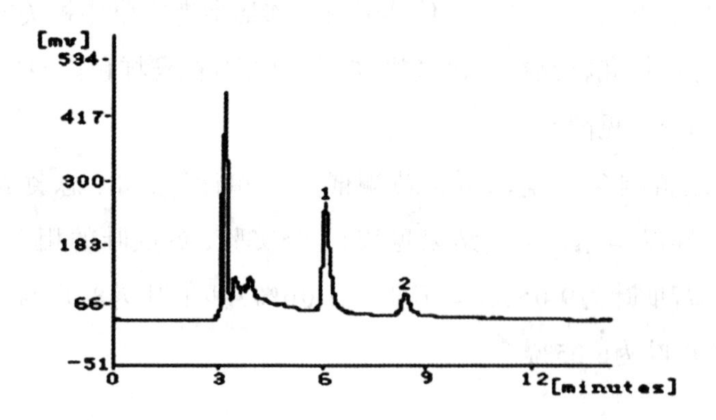

图3　苦瓜叶样品色谱图

$t_{槲皮素}$=6.09 min　　$t_{山柰酚}$=8.41 min

表 1　6 种葫芦科植物叶样品的黄酮含量

黄酮甙元种类	样品含量（mg）					
	冬瓜叶	苦瓜叶	丝瓜叶	西瓜叶	南瓜叶	葫芦叶
槲皮素	0.14	2.53	13.78	0.51	3.00	0.16
山柰酚	0	0.46	0	0	1.47	0.02
异鼠李素	0	0	2.91	0	1.82	0
总黄酮	0.14	2.99	16.69	0.05	6.29	0.18

2 总黄酮提取物抗氧化实验

抗氧化剂是一类能延缓或减慢油脂氧化的物质，已报道的具有抗氧化活性的天然或合成化合物有几百种[14]。抗氧化剂按来源可分为化学合成抗氧化剂和天然抗氧化剂；按溶解性或使用场合可分为油溶性抗氧化剂和水溶性抗氧化剂[15]。但科学研究发现，大量的油溶性抗氧化剂如BHT、BHA、TBHQ会引起动物肝脏扩大，BHT还可增加微粒体酶的活性，具有一定副作用[16]。因此，天然抗氧化剂的研究逐渐成为热点。其中最有希望的就是广泛存在于植物体的黄酮类化合物以及黄酮类化合物的前体物（酚酸和儿茶酸等）[17]。

黄酮类化合物的抗氧化性是通过酚羟基与自由基反应，形成共振稳定半醌式自由基结构，从而中断自由基的链式反应[18]。本实验选用磷钼络合物法，以人工合成抗氧化剂BHT（2，6-二丁基羟基甲苯）为阳性对照，对6种常见葫芦科植物叶总黄酮提取物抗氧化能力进行测定。

2.1 实验试剂

95%乙醇 （A. R）、磷酸钠 （A. R.）、钼酸铵 （A. R.）、浓硫酸 （A. R.）、BHT （2，6-二丁基羟基甲苯）。

2.2 实验仪器与设备

UV-1100紫外可见分光光度计 （北京瑞利）；D-300.3多功能电子天平（北京赛多利斯仪器系统有限公司）；K8210LH型超声波清洗仪 （上海科导超声仪器有限公司）；SⅡ-4型电热恒温水浴锅 （上海医疗器械五厂） 等。

2.3 实验内容与方法

磷钼络合物法测定抗氧化活性的原理：Mo（Ⅵ）被抗氧化物质还原生成绿色的Mo（Ⅴ）络合物，其最大吸收波长为695 nm。抗氧化物质活性越强，测定的吸光度值越大。此方法操作简单，所用试剂低廉、方法重现性好且适合多种溶剂提取试液抗氧化活性的测定[18]。

采用磷钼络合物法测定抗氧化活性的方法，以人工合成抗氧化剂BHT （2，6-二丁基羟基甲苯） 为阳性对照。方法为：在10 mL具塞刻度比色管中加入1.0 mL质量浓度为1 mg/mL样品总黄酮提取物乙醇溶液或

1.0 mL质量浓度1 mg/mL的BHT，1.0 mL 0.6 mol/L H_2SO_4溶液，1.0 mL 0.028 mol/L Na_3PO_4溶液，1.0 mL 0.004 mol/L （$(NH_4)_6Mo_7O_{24}$溶液，加入蒸馏水定容至5.0 mL，摇匀，置95℃水浴中加热反应0~150 min（每30 min测1次）， 取出冷至室温，测定695 nm波长处吸光度。空白液用1.0 mL溶剂乙醇代替样品液。所有测定平行进行3次。结果见图4。

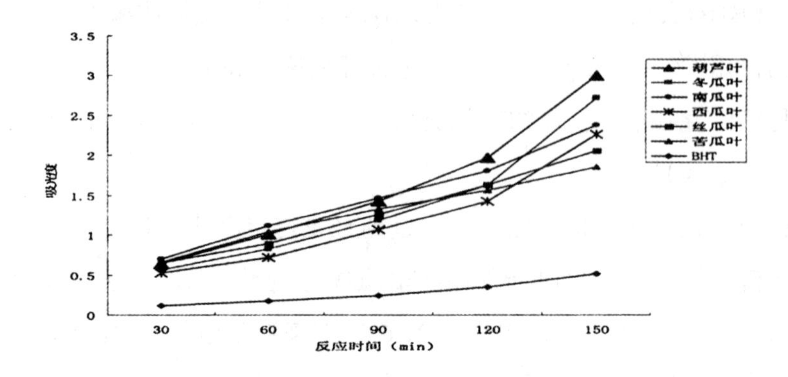

图4　样品及BHT随不同反应时间的吸光度值

3　结果

实验结果表明，6种常见葫芦科植物叶中均含有黄酮，其甙元分别是槲皮素、山柰酚和异鼠李素中的一种或几种。其总黄酮含量由高到低排序依次为：丝瓜叶、南瓜叶、苦瓜叶、葫芦叶、冬瓜叶、西瓜叶。

上述植物叶中总黄酮具有很强的抗氧化性，通过与BHT对比，在相同浓度条件下其抗氧化性均比BHT强，有望替代人工合成的抗氧化剂BHT。

参考文献

[1] 路安民，陈书坤. 中国植物志[M].北京：科学出版社，1986：73-84.

[2] 于天祥，张明方. 葫芦科作物转基因研究进展[J]. 细胞生物学杂志，2003，25（1）：29-32.

[3] 邹宇晓，徐玉娟，廖森泰，等. 冬瓜的营养价值及其综合利用研究进展[J]. 中国果菜，2006（5）：46-47.

[4] 刘文慧，王领，等. 南瓜——保健佳品[J].农产品加工，2007（4）：42-44.

[5] 赵海雯. 苦瓜皂甙降血糖功能的研究概况[J]. 农产品加工学刊，2007（9）：24 -25.

[6] 李莲芳，孙怀志. 丝瓜的食用与药用[J]. 蔬菜，1999（9）：39.

[7] 蔡健. 丝瓜的营养保健和开发利用[J]. 食品与药品，2006（5）：70.

[8] 华景清，蔡健. 西瓜的营养与药用价值[J]. 食品与药品，2005，7（6A）：67-68.

[9] 罗桂环. 葫芦考略[J]. 自然科学史研究，2002，21（2）：146-154.

[10] 曹东宁. 罗汉果成分及其开发利用[J]. 河南科学，1999，6（17）：177-179.

[11] 洪梅，梁红，潘伟明. 银杏叶黄酮类化合物生物效应研究概况[J]. 农业与技术，2003，33（1）：33-35.

[12] 邱明华，陈书坤，陈剑超，等.葫芦科化学分类学[J].应用与环境生物学报. 2005，11（6）：673-675.

[13] 陈全斌，苏小建，沈钟苏. 罗汉果叶黄酮抗氧化能力研究[J]. 食品研究与开发，2006，27（10）：189-191.

[14] 李书国，陈辉，李雪梅. 油脂抗氧化剂分析检测技术与方法研究进展[J]. 旅食与油脂，2007，10：42-45.

[15] 孔浩，张继. 天然抗氧化剂研究进展[J]. 牡丹江师范学院学报（自然科学版），2008，1：32-33.

[16] 朱宇旌，张勇，王纯刚. 红三叶黄酮抗氧化性研究. 食品科技，2006，4：78-81.

[17] 孙庆雷，王晓，等. 黄酮类化合物抗氧化反应性的构效关系[J].食品科学，2005，26（4）：69-73.

[18] Prieto P, Pineda M, Aguilar M. Spectrophotometric quantitation of antioxidant capacity through the formation of a phosphomolybdenum complex: specific application to the determination of vitamin E [J]. Anal Biochem, 1999, 269: 337-341.

（覃惠敏、陈全斌、梁永生：《葫芦科植物叶黄酮成分分析及抗氧化能力研究》，《广西热带农业》2009年第4期）

梨形葫芦

葫芦科药用植物甾醇类成分研究进展

吴晓毅　巢志茂　刘海萍　王淳　谭志高　孙文

摘要 我国葫芦科药用植物资源丰富，入药部位广泛，富含植物甾醇类、三萜类、脂肪酸类、糖和苷类等多种类型的化学成分。其中，植物甾醇多和油脂类成分共存于种子和花粉中，具有和胆固醇相似的化学结构，可降低血液中的胆固醇含量，因而在市场上广泛应用于功能性食品。本文对我国常见的葫芦科药用植物中植物甾醇的结构、特征的核磁共振数据及药理作用进行了归纳总结。

关键词 葫芦科；药用植物；植物甾醇；^{1}H NMR数据；药理作用

中图分类号 R931.71　　**文献标识码** A

Research Advance on Phytosterol of Cucurbitaceae Medicinal Plants

WU Xiao-yi, CHAO Zhi-mao, LIU Hai-ping, WANG Chun, TAN Zhi-gao, SUN Wen

Institute of Chinese Materia Medica, China Academy of Chinese Medical Sciences, Beijing 100700, China

Abstract The medicinal plants of family Cucurbitaceae are abundant in China and their some organs can be used as traditional Chinese medicine. The main compounds are phytosterols, triterpenes, fatty acids, saccharides and glycosides. Phytosterols are common in family Cucurbitaceae medicinal plants, existing with fats and oils in seeds and pollen. The chemical structures of phytosterols are similar with cholesterol's, so they can decrease the content of cholesterol in blood of human. They are widely used for functional food. This review reports the chemical structures, characteristic ^{1}H NMR spectral data, and pharmacological actions of some phytosterols in medicinal plants of family Cucurbitaceae.

Key words Cucurbitaceae; medicinal plants; phytosterol; ^{1}H NMR spectral data; pharmacological action

葫芦科植物资源丰富，全世界共有约113属800种，我国有32属154种35变种，主要分布于西南部和南部，少数散布到北部[1]。我国能纳入药用植物的有20属43种，可作113味药材[2]。我国葫芦科大多数的药用植物既可药用，又可食用，例如，卫生部2002年监发的［2002］51号文《关于进一步规范保健食品原料管理的通知》中明确规定：罗汉果既是食品又是药品，绞股蓝则可作为保健食品使用。葫芦科药用植物化学成分复杂多样，常见的有植物甾醇类、脂肪酸类、三萜类、糖和苷类、氨基酸类及挥发性成分等。国内外学者对其化学成分的研究比较广泛和深入，聂瑞麟曾对1980—1992年葫芦科植物三萜皂苷的研究进展进行了归纳总结[3]，邱明华等对葫芦科的化学分类学进行了研究[4]，Akihisa等学者对葫芦科常见12个属的植物甾醇类成分进行了报道[5]，朱靖静等对2004—2009年葫芦科中主要的葫芦素类四环三萜化合物进行了概括总结[6]，但葫芦科药用植物中植物甾醇类成分的研究尚未见系统的报道。本综述对近三十多年来我国葫芦科药用植物中植物甾醇的化学结构、特征^{1}H NMR数据和药理活性进行了系统的归纳和总结。

植物甾醇在植物界分布广泛，多与油脂类成分共存于植物的种子和花粉中，具有和胆固醇相似的化学结构，可降低血液中的胆固醇含量，在市场上广泛应用于功能性食品。我国卫生部2010年发布的第3号公告，批准了植物甾醇及其酯可作为新资源食品。植物甾醇的广泛应用，受到了学者们的关注，王会等对植物甾醇的应用与研发进行了简单的总结[7]，韩军花等对我国30种药食两用植物和40种中草药原料中植物甾醇的含量进行了研究分析[8]。本文根据国内外近30年来的研究报道，对我国葫芦科药用植物中的植物甾醇成分进行了归纳总结，为葫芦科药用植物资源的开发利用提供参考依据。

1 常见葫芦科药用植物中植物甾醇的结构和植物来源

我国葫芦科常见的药用植物中，黄瓜、栝楼、冬瓜、苦瓜、绞股蓝等13种植物的果实和种子均有较高含量的植物甾醇，少数植物甾醇分布在地上部分[5]。迄今为止，在葫芦科药用植物中，文献共报道29个植物甾醇类化合物。植物甾醇名称与所属植物来源见表1。

表 1 植物甾醇结构与来源

Table 1 Chemical structures and sources of phytosterols in Cucurbitaceae plants

化合物 Compound	化学结构 Structure	植物来源 Source	参考文献 Ref.
24-甲基胆甾醇 24-methylcholesterol	1a	冬瓜、黄瓜、栝楼、葫芦、南瓜、甜瓜、丝瓜、红南瓜、西瓜、苦瓜、木鳖、栝楼、绞股蓝	5，10，12，18
谷甾醇 sitosterol	2a	冬瓜、黄瓜、栝楼、葫芦、南瓜、土贝母、甜瓜	5，10，12，18，19
胆甾醇 cholesteral	3a	红南瓜、西瓜、黄瓜、丝瓜、苦瓜、木鳖、栝楼、绞股蓝	5，10，18
24-脱氢胆甾醇 24-dehydrocholesterol	4a	冬瓜、南瓜、甜瓜、丝瓜、红南瓜、西瓜、王瓜、绞股蓝	18
豆甾醇 stigmasterol	5a	冬瓜、黄瓜、栝楼、葫芦、南瓜、甜瓜、丝瓜	5，10，12，18
24-甲基胆甾-5，22-二烯醇 24-methylcholesta-5，22-dienol	6a	红南瓜、丝瓜、栝楼、绞股蓝	5，10，18
异岩藻甾醇 isofucosterol （24-ethyliden-cholesterol）	7a	黄瓜、葫芦、南瓜、甜瓜、丝瓜	5，10，12，18
胆甾-5，24（28）-二烯醇 24-methylenecholesterol	8a	西瓜、黄瓜、丝瓜、木鳖、栝楼、绞股蓝	5，10，18
赪桐甾醇 clerosterol	9a	冬瓜、木鳖、黄瓜、葫芦、南瓜、甜瓜、丝瓜	5，10，12，16，17，18
松藻甾醇 codisterol	10a	黄瓜、葫芦、南瓜、甜瓜、丝瓜、栝楼	10，12

续表

化合物 Compound	化学结构 Structure	植物来源 Source	参考文献 Ref.
25（27）- 去氢多孔甾醇 25（27）-dehydroporiferasterol	11a	黄瓜、葫芦、南瓜、甜瓜、丝瓜	5，10，12，16，17，18
24- 甲基 -7- 胆甾烯醇 24-methylcholesta-7-enol	1b	黄瓜、葫芦、南瓜、甜瓜、丝瓜	5，10，12，14，15，18
22- 二氢菠菜甾醇 22-dihydrospinasterol	2b	甜瓜、茅瓜、王瓜、栝楼、黄瓜、葫芦、南瓜、甜瓜、丝瓜、冬瓜、木鳖	5，10，13，15，18
菠菜甾醇 spinasterol	5b	甜瓜、木鳖、王瓜、黄瓜、栝楼、葫芦、南瓜、丝瓜、冬瓜、	5，10，12，15，18
24- 甲基胆甾 -7，22- 二烯醇 24-methylcholesta-7，22-dienol	6b	红南瓜、西瓜、冬瓜、南瓜、葫芦、黄瓜、丝瓜、苦瓜、木鳖、栝楼、绞股蓝	5，10，18
燕麦甾醇 avenasterol	7b	黄瓜、葫芦、南瓜、甜瓜、丝瓜、栝楼、红南瓜、西瓜、冬瓜、苦瓜、木鳖	5，10，17，18
24- 亚甲基胆甾 -7- 烯醇 24-methylenecholest-7-enol	8b	红南瓜、西瓜、冬瓜、甜瓜、葫芦、黄瓜、丝瓜、苦瓜、木鳖、栝楼、绞股蓝	5，10，18
24- 乙基胆甾 -7，25- 二烯醇 24-ethylcholesta-7，25-dienol	9b	冬瓜、黄瓜、葫芦、南瓜、甜瓜、丝瓜、栝楼、红南瓜、西瓜、苦瓜、木鳖、栝楼、绞股蓝	5，10，15，18
25（27）- 去氢麦角甾醇 25（27）-dehydrofungisterol	10b	黄瓜、葫芦、南瓜、甜瓜、丝瓜	10，12，15，18，
24- 乙基胆甾 -7，22，25- 三烯醇 24-ethylcholesta-7，22，25-trienol	11b	土贝母、红南瓜、西瓜、冬瓜、甜瓜、南瓜、葫芦、黄瓜、丝瓜、苦瓜、木鳖、栝楼、绞股蓝	5，10，15，18，19
24- 乙基 -7，24- 胆甾二烯醇 24-ethyl-24-dehydrolathosterol	12b	冬瓜，黄瓜、南瓜、甜瓜、丝瓜、红南瓜、西瓜、王瓜、绞股蓝	5，18
24- 乙基胆甾 -8（14）- 烯醇 24-ethylcholest-8（14）-enol	2c	红南瓜、西瓜、冬瓜、甜瓜、南瓜、葫芦、黄瓜、丝瓜、苦瓜、木鳖、栝楼、绞股蓝	5，10
24- 乙基胆甾 -8，22- 二烯醇 24-ethylcholesta-8，22-dienol	5c	红南瓜、西瓜、冬瓜、甜瓜、南瓜、葫芦、黄瓜、丝瓜、苦瓜、木鳖、栝楼、绞股蓝	5，10，18
24- 乙基胆甾 -8，25- 二烯醇 24-ethylcholesta-8，25-dienol	9c	红南瓜、西瓜、冬瓜、甜瓜、南瓜、葫芦、黄瓜、丝瓜、苦瓜、绞股蓝	5，10，18
24- 乙基胆甾 -8，22，25（27）- 三烯醇 24-ethylcholesta-8，22，25（27）-trienol	11c	红南瓜、西瓜、冬瓜、甜瓜、南瓜、葫芦、黄瓜、丝瓜、苦瓜、木鳖、栝楼、绞股蓝	5，10，18

续表

化合物 Compound	化学结构 Structure	植物来源 Source	参考文献 Ref.
24- 甲基胆甾烷醇 24-methylcholestanol	1d	冬瓜、黄瓜、南瓜、甜瓜、丝瓜、红南瓜、西瓜、王瓜、绞股蓝	18
24- 乙基胆甾烷醇 24-ethylcholestanol	2d	冬瓜、黄瓜、南瓜、甜瓜、丝瓜、红南瓜、西瓜、王瓜、绞股蓝	18
24- 乙基 -22- 脱氢胆甾烷醇 24-ethy-22-dehydrocholestanol	5d	冬瓜、黄瓜、南瓜、甜瓜、丝瓜、红南瓜、西瓜、王瓜、绞股蓝	18
豆甾烷 -3β，6α- 二醇 stigmastane-3β，6 α -diol	2e	栝楼、王瓜	9

备注：冬瓜*Benincasa hispida*（Thunb.）Cogn.、西瓜*Citullus lanatus*（Thunb.）、甜瓜*Cucumis melo* L.、黄瓜*Cucumis sativus* L.、南瓜*Cucurbita moschata*（Duch. ex Lam.）Duch. ex Poir.、红南瓜*Cucurbita pepo* L. var. kintoga Makino、绞股蓝*Gymnopetalum pentaphyllum*（Thunb.）Makino、葫芦*Lagenaria siceraria*（Molina）Standl.、丝瓜*Luffa cylindricall*（L.）Roem、苦瓜*Momordica charantia* L.、木鳖*Momordica cochinchinensis*（Lour.）Spreng、王瓜*Trichosanthes cucumeroides*（Ser.）Maxim.、栝楼*Trichosanthes kirillowii* Maxim.

植物甾醇是在甾体母核C_{17}位有8~10个碳原子链状侧链的甾体衍生物，一般分子中具有 1~3个双键。通常根据甾醇母核中双键的个数和位置将其进行分类，常见的有Δ^5-植物甾醇、Δ^7-植物甾醇、Δ^8-植物甾醇和无双键植物甾醇四大类，其中，Δ^5、Δ^7-植物甾醇较常见。在植物不同的生长时期，Δ^5、Δ^7-植物甾醇的含量也会随之发生变化[23]。现将葫芦科药用植物中发现的29种植物甾醇的特征^{1}H NMR数据予以列表，见表2。

表 2　植物甾醇的特征 ^{1}H NMR 数据

Table 2 Characteristic ^{1}H NMR spectral data of phytosterols

双键位置 Double-bond position	化合物 Compound	化学结构 Structure	特征 ^{1}H NMR 数据 Characteristic ^{1}H NMR spectral data	参考文献 Ref.
Δ^5	24- 甲基胆甾醇 24-methylcholes-terol	1a	0.680（3H，s，18-H），1.010（3H，s，19-H），0.911（3H，d，J=6.1 HZ，21-H），0.795（3H，d，J=6.5 HZ，26-H），0.847（3H，d，J=6.5 HZ，27-H），0.771（3H，d，J=6.1 HZ，28-H）	10，18

续表

双键位置 Double-bond position	化合物 Compound	化学结构 Structure	特征 ^{1}H NMR 数据 Characteristic ^{1}H NMR spectral data	参考文献 Ref.
Δ^5	谷甾醇 sitosterol	2a	0.610（3H，s，18-H），0.94（3H，s，19-H），0.850（3H，d，*J*=6.3 HZ，21-H），0.740（3H，d，*J*=6.6 HZ，26-H），0.770（3H，d，*J*=6.6 HZ，27-H），0.780（3H，t，*J*=6.8 HZ，29-H），3.450（1H，m，3-H），5.280（1H，d，*J*=5.1 HZ，6-H）	9，18，19
Δ^5	胆甾醇 cholesterol	3a	0.690（3H，s，18-H），1.010（3H，s，19-H），0.920（3H，d，*J*=6.5 HZ，21-H），0.870（3H，d，*J*=6.7 HZ，26-H），0.860（3H，d，*J*=6.7 HZ，27-H），3.510（1H，m，3-H），5.340（1H，t，*J*=5 HZ，6-H）	11
$\Delta^{5,22}$	豆甾醇 stigmasterol	5a	0.697（3H，s，18-H），1.009（3H，s，19-H），1.022（3H，d，*J*=6.5 HZ，21-H），5.012（1H，dd，*J*≈7.5 HZ，22-H），5.157（1H，dd，*J*≈7.5 HZ，23-H），0.795（3H，d，*J*=6.5 HZ，26-H），0.847（3H，d，*J*=6.5 HZ，27-H），0.805（3H，t，*J*=7.1 HZ，29-H）	10，18
$\Delta^{5,22}$	24-甲基胆甾-5，22-二烯醇 24-methylcholesta-5，22-dienol	6a	0.534（3H，s，18-H），0.776（3H，s，19-H），0.897（3H，s，21-H），5.138（1H，22-H），5.184（1H，23-H），0.801（3H，s，26-H），0.812（3H，s，27-H），0.995（3H，s，28-H），5.139（1H，6-H）	20
$\Delta^{5,24}$	异岩藻甾醇 isofucosterol	7a	0.681（3H，s，18-H），1.007（3H，s，19-H），0.947（3H，d，*J*=6.3 HZ，21-H），2.820（1H，m，25-H），0.976（6H，2d，*J*=6.9 HZ，26-，27-H），5.116（1H，m，28-H），1.577（3H，d，*J*=6.5 HZ，29-H）	10
$\Delta^{5,24}$	胆甾-5，24（28）-二烯醇 24-methylenecholesterol	8a	1.010（3H，s，18-H），0.690（3H，s，H-19），0.950（3H，d，*J*=6.5，21-H），1.030（6H，m，26-H and 27-H），4.710，4.660（1H，brs，28-H），3.500（1H，m，3-H），5.350（1H，brs，6-H）	21

续表

双键位置 Double-bond position	化合物 Compound	化学结构 Structure	特征 ^{1}H NMR 数据 Characteristic ^{1}H NMR spectral data	参考文献 Ref.
$\Delta^{5,25}$	赪桐甾醇 clerosterol	9a	0.671（3H，s，18-H），1.007（3H，s，19-H），0.908（3H，d，*J*=6.6 HZ，21-H），1.569（3H，s，26-H），4.642，4.723（2H，s，27-H），0.799（3H，t，*J*=7.3 HZ，29-H）	10，18
$\Delta^{5,25}$	松藻甾醇 codisterol	10a	0.671（3H，s，18-H），1.005（3H，s，19-H），0.910（3H，d，*J*=6.5 HZ，21-H），1.635（3H，s，26-H），4.660（2H, brs, 27-H），0.992（3H，d，*J*=6.5 HZ, 28-H），3.499（1H，m，3-H），5.359（1H，brs，6-H）	10
$\Delta^{5,22,25}$	25（27）- 去氢多孔甾醇 25（27）-dehydroporiferasterol	11a	0.693（3H，s，18-H），1.006（3H，s，19-H），1.020（3H，d，*J*=6.5 HZ，21-H），5.214（2H，m，22，23-H），1.643（3H，s，26-H），4.705（2H，s，27-H），0.834（3H，t，*J*=7.3 HZ，29-H），3.499（1H，m，3-H），5.359（1H，brs，6-H）	10，18
Δ^{7}	24- 甲基 -7- 胆甾烯醇 24-methylcholesta-7-enol	1b	0.536（3H，s，18-H），0.800（3H，s，19-H），0.916（3H，d，*J*=6.5 HZ，21-CH），0.852（3H，d，*J*=6.8 HZ，26-H），0.804（3H，d，*J*=6.8 HZ，27-H），0.775（3H，d，*J*=6.8 HZ，28-H）	15，18，22
Δ^{7}	22- 二氢菠菜甾醇 22-dihydrospinasterol	2b	0.660（3H，s，18-H），0.990（3H，s，19-H），0.900（3H，d，*J*=6.3 HZ，21-H），0.810（3H，d，*J*=6.6 HZ，26-H），0.790（3H，d，*J*=6.6 HZ，27-H），0.820（3H，t，*J*=6.8 HZ，29-H），3.500（1H，m，3-H），5.330（1H，d，*J*=4.8 HZ，7-H）	10，18
$\Delta^{7,22}$	菠菜甾醇 spinasterol	5b	0.551（3H，s，18-H），0.800（3H，s，19-H），1.025（3H，d，*J*=6.5 HZ，21-H），5.027（1H，dd，*J*=ca7.5 HZ，22-H），5.163（1H，dd，*J*=ca7.5 HZ，23-H），0.799（3H，d，*J*=6.2 HZ，26-H），0.849（3H，d，*J*=6.2 HZ，27-H），0.820（3H，t，*J*=6.8 HZ，29-H）	10，18

续表

双键位置 Double-bond position	化合物 Compound	化学结构 Structure	特征 ^{1}H NMR 数据 Characteristic ^{1}H NMR spectral data	参考文献 Ref.
$\Delta^{7,22}$	24- 甲基胆甾 -7，22- 二烯醇 24-methylcholesta-7，22-dienol	6b	0.543（3H，s，18-H），0.813（3H，s，19-H），1.008（3H，d，*J*=6.5 HZ，21-H），0.839（3H，d，*J*=6.8 HZ，26-H），0.822（3H，d，*J*=6.8 HZ，27-H），0.912（3H，d，*J*=6.8 HZ，28-H）	18
$\Delta^{7,24}$	燕麦甾醇 avenasterol	7b	0.537（3H，s，18-H），0.795（3H，s，19-H），0.949（3H，d，*J*=6.5 HZ，21-H），2.830（1H，m，25-H），0.976（6H，dd，*J*=6.7 HZ，26-，27-H），5.106（1H，m，28-H），1.588（3H，d，*J*=6.5 HZ，29-H）	10
$\Delta^{7,25}$	24- 乙基胆甾 -7，25- 二烯醇 24-ethylcholesta-7，25-dienol	9b	0.526（3H，s，18-H），0.795（3H，s，19-H），0.909（3H，d，*J*=6.5 HZ，21-H），1.566（3H，s，26-H），4.692（2H，brs，27-H），0.800（3H，t，*J*=7.2 HZ，29-H），3.599（1H，m，3-H），5.159（1H，brs，7-H）	10，18
$\Delta^{7,22,25}$	24- 乙基胆甾 -7，22，25- 三烯醇 24-ethylcholesta-7，22，25-trienol	11b	0.545（3H，s，18-H），0.797（3H，s，19-H），1.019（3H，d，*J*=6.5 HZ，21-H），5.221（2H，m，22-，23-H），1.653（3H，s，26-H），4.705（2H，s，27-H），0.834（3H，t，*J*=7.3 HZ，29-H），3.599（1H，m，3-H），5.159（1H，brs，7-H）	10，18，19
Δ^{8}	24- 乙基胆甾 -8（14）- 烯醇 24-ethylcholest-8（14）-enol	2c	0.935（3H，d，*J*=6.4 HZ，21-H），0.836（3H，d，*J*=6.7 HZ，26-H），0.814（3H，d，*J*=6.7 HZ，27-H），0.843（3H，t，*J*=8.3 HZ，29-H），4.71（1H，m，3-H）	5
$\Delta^{8,22}$	24- 乙基胆甾 -8，22- 二烯醇 24-ethylcholesta-8，22-dienol	5c	0.621（3H，s，18-H），0.964（3H，s，19-H），1.032（3H，d，*J*=6.5 HZ，21-H），5.120（2H，m，22-，23-H），0.850（3H，d，*J*=6.8 HZ，26-H），0.801（3H，d，*J*=6.8 HZ，27-H），0.805（3H，t，*J*=6.7 HZ，29-H），4.74（1H，m，3-H）	5，18

续表

双键位置 Double-bond position	化合物 Compound	化学结构 Structure	特征 ^{1}H NMR 数据 Characteristic ^{1}H NMR spectral data	参考文献 Ref.
$\Delta^{8,25}$	24-乙基胆甾-8，25-二烯醇 24-ethylcholesta-8，25-dienol	9c	0.599（3H，s，18-H），0.959（3H，s，19-H），0.912（3H，d，J=6.5 HZ，21-H），1.562（3H，s，26-H），0.800（3H，t，J=6.7 HZ，29-H）	18
$\Delta^{8,22,25}$	24-乙基胆甾-8，22，25（27）-三烯醇 24-ethylcholesta-8，22，25（27）-trienol	11c	0.617（3H，s，18-H），0.962（3H，s，19-H），1.020（3H，d，J=6.5 HZ，21-H），1.650（3H，s，26-H），4.697（2H，s，27-H），0.834（3H，d，J=7.3 HZ，29-H）	18
无双键	豆甾烷-3β，6α-二醇 stigmastane-3β，6α-diol	2e	0.6503H，s，18-H），0.820（3H，s，19-H），0.910（3H，d，J=6.0 HZ，21-H），0.840（3H，d，J=7.2 HZ，26-H），0.810（3H，d，J=7.2 HZ，27-H），0.840（3H，t，J=7.7 HZ，29-H），3.580（1H，tt，J=11.0 HZ，5.1HZ，3-H），3.420（1H，td，J=11.0 HZ，4.4 HZ，6-H）	9

2 药理作用

2.1 抑制胆固醇吸收，防治心脑血管疾病

植物甾醇具有和胆固醇相似的化学结构，在人体小肠中能够抑制胆固醇的吸收[24-26]，降低血液中的胆固醇浓度，从而达到防治冠心病、动脉粥样硬化等疾病[27]。每天服用0.8~4.0 g植物甾醇，就能将低密度脂蛋白的浓度水平降低10%~15%[26]，若患者的低密度脂蛋白浓度水平越高（被定义为大于等于3.5 mmol/L），植物甾醇的作用越明显[28-30]。当植物甾醇和燕麦-β-葡萄糖结合使用时，能增强其降低血浆胆固醇的水平[31]。2010年，我国卫生部发布第3号公告，批准植物甾醇及植物甾醇酯等7种物质作为新资源食品。

2.2 抗炎作用

豆甾醇对一些促炎因子有明显的抑制作用[32]，而一些低热量、富含植物甾醇的橘汁饮料则能降低12%的炎症指标超敏C反应蛋白[33]。β-谷甾醇

由于有类似于氢化可的松和羟基保泰松等的抗炎作用，还可直接入药，临床上由β-谷甾醇与其他药物组成的克平喘，有较强的平喘、止咳、祛痰的作用，能够促进慢性气管炎病变组织的修复[7]。

2.3 抗氧化作用

IsoPs是脂质过氧化产物，具有特殊的生物活性，能引起氧化应激性，因此，降低IsoPs的浓度，即可达到抗氧化的作用。Mannarin等学者研究得出，若连续六周服用富含植物甾醇的食品，血浆中的8-IsoPs浓度即随着血浆总胆固醇浓度和低密度脂蛋白胆固醇浓度的降低而显著下降[34]。此外，β-谷甾醇，豆甾醇和菜油甾醇还能有效地保护低密度脂蛋白的过氧化[36]。

2.4 抗癌作用

Awad等学者研究发现，植物甾醇可以显著减少胆酸引起的细胞增殖，降低细胞的有丝分裂，如：β-谷甾醇可降低胆汁酸和胆汁酸代谢物的浓度，并能抑制化学致癌剂诱发的肠癌。通过大量的临床试验，当总植物甾醇摄入量增加时，胃癌发病率下降，当和α胡萝卜素的摄入量共同增多时，胃癌的发生率下降得更为明显[36]。

2.5 防治前列腺疾病

Berges发现，β-谷甾醇培养可促进人类前列腺基质细胞生长因子β_1的表达和增强蛋白激酶C-α的活性[37]，VonHoltz研究表明，用β-谷甾醇来培养细胞可增加鞘磷脂循环中的两种关键酶—磷脂酶D和蛋白磷脂酶的活性，促进鞘磷脂循环，抑制细胞的生长，从而有效防止男性前列腺肥大[38]。

2.6 其他作用

植物甾醇对皮肤有较强的渗透性，能保持皮肤表面水分，促进皮肤新陈代谢，抑制皮肤炎症，可防止日晒红斑、皮肤老化，具有美容之功效，如：β-谷甾醇能使干燥和硬化的角质皮肤恢复柔软，防治皮肤晒伤，防止和抑制鸡眼的形成[7]。植物甾醇可与脂质在水中形成分子膜，促进动物性蛋白质的合成[7]。

3 结论与讨论

葫芦科植物既是重要的食用资源，又为人们提供了丰富的药用植物资源。植物甾醇作为葫芦科植物含有的主要成分，在工业、食品、化妆品等领域起着重要的作用。韩军花等学者估算我国植物甾醇的平均摄入量为每日322.41 mg[39]，但至今为止，对于葫芦科药用植物的研究，以及其中的植物甾醇类成分的研究还远远不够。本文对13种药用植物中的植物甾醇进行了归纳总结，仅占我国葫芦科药用植物总数的1/3，还有大量的植物尚未见相关的研究和报道，有待深入研究，以扩大葫芦科丰富的药用植物资源的开发和利用。

参考文献

[1] The Flora of China Commission in Chinese Academy of Science（中国科学院中国植物志编辑委员会）. Flora of China（中国植物志）. BEIJING: Scientific & Technical Publishers, 2004, 3: 84.

[2] The Chinese Materia Medica Commission（中华本草编委会）. Chinese Materia Medica（中华本草）, 1999, 5: 502-595.

[3] Nie RL（聂瑞麟）. The decadal progress of triterpene saponins from Cucurbitaceae（1980-1992）. *Acta Botanica Yunnanica*（云南植物研究）, 1994, 16: 201- 208.

[4] Qiu MH（邱明华）, *et al.* Chemotaxonomy of Cucurbitaceae. *Chin J Appl Environ Biol*（应用与环境生物学报）, 2005, 11（6）: 673- 685.

[5] Akihisa T, *et al.* Sterol compositions of seeds and mature plants of family Cucurbitaceae. *Oil Chem Soc*, 1986, 63: 653-658.

[6] Zhu JJ（朱靖静）, Zou K（邹坤）. Current research progress of Cucurbitacins. *J Chin Three Gorges Univ, Nat Sci*（三峡大学学报，自科版）, 2009, 31（5）: 82-87.

[7] Wang H（王会）, Zhang PX（张普香）. The application and development

of phytosterols. *Sci&Tech Info*（科技资讯）, 2009, 194（17）: 1-1.

[8] Han JH（韩军花）, *et al.* The phytosterols content in plant materials commonly used in functional food in China. *Acta Nutr Sinica*（营养学报）, 2010, 32: 82-85.

[9] Chao ZM, *et al.* Some triterpenes and steroids from the seeds of *Trichosanthes cucumeroides. Phytomedicines*（*Recent progress in Medicinal Plants*）*Studium Press LLC*, 2007, 16: 544-554.

[10] Garg VK, Nes WR. Occurrence of $\triangle^5$-sterols in plants producing predominantly $\triangle^7$-sterols: studies on the sterol compositions of six Cucurbitaceae seeds. *Phytochemistry*, 1986, 25: 2591-2597.

[11] Chen DC （陈德昌）. The ^{13}C NMR and Its Application in the Chemistry of Chinese Herbal Medicine （碳谱及其在中草药化学中的应用）. BEIJING: People' s Medical Publishing House, 1991.

[12] Garg VK, Nes WR. Codisterol and other Δ^5-sterols in the seeds of *Cucurbita maxima. Phytochemistry*, 1984, 23: 2925-2929.

[13] Grunwald C. Plant sterols. *Ann Rev Plant Physiol*, 1975, 26:209-236.

[14] Itoh T, *et al.* Co-occurrence of chondrillasterol and spinasterol in two Cucurbitaceae seeds as shown by ^{13}C NMR. *Phytochemistry*, 1981, 20: 761-764.

[15] Garg VK, Nes WR. Studies on the C-24 configurations of Δ^7-sterols in the seeds of *Cucurbita maxima*. *Phytochemistry*, 1984, 23: 2919-2923.

[16] Subramanian SS, *et al.* （24S）-Ethylcholesta-5, 22, 25-triene-3β-ol from four *Clerodendron* species. *Phytochemistry*, 1973, 12: 2078-2079.

[17] Pinto WJ, Nes WR. 24β-Ethylsterols, n-alkanes and n-alkanols of *Clerodendrum splendens*. *Phytochemistry*, 1985, 24: 1095-1097.

[18] Akihisa T, *et al.* Sterols of Cucurbitaceae: the configuration at

C-24 of 24-alkyl-Δ^5, Δ^7- and Δ^8-sterols. *Lipids*, 1986, 21:39-47.

[19] Ma TJ（马挺军）, *et al.*Chemical constituents of *Bolbostemma paniculatum. Acta Bot Boreal-Occident Sin*（西北植物学报）, 2005, 25: 1163-1165.

[20] Wang SZ（王赛贞）, *et al.* Isolation and characterization of cholesterol in gandoerma iucidum fruitbody. *Acta Edulis Fungi*（食用菌学报）, 2005, 12(1): 5-8.

[21] Kuang YY（匡云艳）, *et al.* A study on chemical constituents of soft coral *Sinularia gyrosa. J Tropical Oceanography*（热带海洋学报）, 2002, 21(3): 95-98.

[22] Matsumoto T, *et al.* 24α-Methyl-5α-cholest-7-en-3β-ol from seed oil of *Helianthus annuus. Phytochemistry*, 1984, 23: 921-923.

[23] Gara VK, Nes WR. Changes in Δ^5-and Δ^7-sterols during germination and seedling development of *Cucurbita maxima. Lipids*, 1985, 20: 876-882.

[24] Mttson FH, *et al.* Optimizing the effect of plant sterols on cholesterol absorption in man. *Am J Clin Nutr*, 1982, 35: 697-700.

[25] Plat J, Mensink RP. Plant stanol and sterol esters in the control of blood cheolesterol levels: Mechanism and safety aspects. *Am J Cardiol*, 2005, 96: 15-22.

[26] Katan MB, *et al.* Efficacy and safety of plant stanols and sterols in the management of blood cholesterol levels. *Mayo Clin Proc*, 2003, 78: 965-978.

[27] Banuls C, *et al.* Evaluation of cardiovascular risk and oxidative stress parameters in hypercholesterolemic subjects on a standard healthy diet including low-fat milk enriched with plant sterols. *J Nutr Biochem*, 2010, 21: 881-886.

[28] AbuMweis SS, *et al.* Plant sterols/stanols as cholesterol lowering

agents: A meta-analysis of randomized controlled trials. *Food Nutr Res*, 2008: 52.

[29] Demonty I, *et al.* Continuous dose-response relationship of the LDL-cholesterol-lowering effect of phytosterol intake. *J Nutr*, 2009, 139: 271-284.

[30] Seppo L, *et al.* Plant stanol esters in low-fat milk products lower serum total and LDL cholesterol. *Eur J Nutr*, 2007, 46: 111-117.

[31] Theuwissen E, *et al.* Consumption of oat beta-glucan with or without plant stanols did not influence inflammatory markers in hypercholesterolemic subjects. *Mol Nutr Food Res*, 2009, 53: 370-376.

[32] Gabay O, *et al.* Stigmasterol: a phytosterol with potential antiosteoarthritic properties. *Osteoand Cartil*, 2010, 18: 106-116.

[33] Devaraj S, *et al.* Reduced-calorie orange juice beverage with plant sterols lowers C-reactive protein concentrations and improves the lipid profile in human volunteers. *Am J Clin Nutr*, 2006, 84: 756-761.

[34] Mannarino E, *et al.* Effects of a phytosterol-enriched dairy product on lipids, sterols and 8-isoprostane in hypercholesterolernic patients: a multicenter Italian study. *Nutr Metab Cardiovasc Dis*, 2009, 19 (2): 84-90.

[35] Ferretti G, *et al.* Effect of phytosterols on copper lipid peroxidation of human low-density lipoproteins. *Nutrition*, 2010, 26: 296-304.

[36] Awad AB, *et al.* Beta-sitosterol inhibits HT-29 human colon cancer cell growth and alters membrane lipids. *Anticancer Res*, 1996, 16: 2797-2804.

[37] Berges RR, *et al.* Treatment of symptomatic benign prostatic hyperplasia with beta-sitosterol: an 18-month follow-up. *BJU Int*, 2000, 85: 842-846.

[38] Holtz RL, *et al*.β-Sitosterol activates the shpingomyelin cycle and induces apoptosis in LNCaP human prostate cancer cells. *Nutr Cancer*, 1998, 32: 8-12.

[39] Han JH （韩军花）, *et al*. Analysis of phytosterol contents in Chinese plant food and primary estimation of its intake of people. *J Hygiene Res* （卫生研究）, 2007, 36: 301-305.

（吴晓毅、巢志茂、刘海萍、王淳、谭志高、孙文：
《葫芦科药用植物甾醇类成分研究进展》，
《天然产物研究与开发》2012年第S1期）

球形葫芦

瓢形和细腰形葫芦种子在不同温度下发芽情况比较

冯雪　王彬　张国英

摘要 以瓢形和细腰形2种葫芦种子为试材，对不同培养温度条件下2种类型葫芦种子的发芽势和发芽率进行对比统计分析。结果表明：同等温度条件下，瓢形葫芦比细腰形葫芦发芽率高，但差异不显著；同种类型葫芦种子在不同温度培养条件下，发芽率差异也不显著，其中27℃培养条件下葫芦种子的发芽率最高。

关键词 葫芦种子；温度；发芽率

中图分类号 S642.9 **文献标识码** A **文章编号** 0517-6611（2009）32-15795-02

Study on the Germination Rate of Ladle-shaped and Slender Waist-shaped Cucumis melo Seeds under Different Temperature

Feng Xue, Wang Bin, Zhang Guoying

(*Faculty of Life Science, Langfang Teachers College, Langfang, Hebei 065000*)

Abstract Ladle-shaped and slender waist-shaped Cucumis melo seeds were used as experimental materials to compare germination energy and rate of these two types seeds under different temperature. The results showed that under the same temperature, the germination rate of ladle-shaped was higher than slender waist-shaped, but the difference was not significant; the same type seeds under different temperature were also not significant at the difference. The germination rate was the highest when seeds were cultured at 27℃.

Keywords Cucumis melo seed; Temperature; Germination rate

葫芦（*Cucumis melo*）①又名葫芦瓜、蒲瓜、夜开花和大葫芦等，属双子叶植物纲、五桠果亚纲、葫芦科、葫芦属。1年生攀缘草本植物瓠瓜的变种，茎蔓生，叶心脏形，互生，夏秋开白花，果实的形状因种类而异，具体又分为瓠子、葫芦、匏瓜（瓢葫芦）和扁葫芦几种。葫芦种类中的某些品种含有蛋白质及多种微量元素，有助于增强机体免疫功能；还含有丰富的维生素C，能促进抗体的合成，提高机体抗病毒能力[1-2]。胡萝卜素在葫芦中含量较多，食后可阻止人体致癌物质的合成，从而减少癌细胞的形成，降低人体癌症的发病率，从而起到防癌抗癌的作用[3]。近年来，有关葫芦的研究逐渐增多，而有关葫芦温度方面的研究鲜见报道。笔者通过检验瓢形和细腰形葫芦种子在不同温度条件下的发芽率，找到2种葫芦种子萌发最适温度，为2种不同葫芦种子的种质差异提供理论基础，也为正确指导农民掌握播种期提供理论依据。

1　材料与方法

1.1　材料　供试品种为廊坊市种子公司购进的瓢形和细腰形葫芦种子。试剂为浓度0.1%高锰酸钾溶液。

1.2　方法

1.2.1　种子的前处理　挑取籽粒饱满、大小均匀的葫芦种子，用浓度0.1%高锰酸钾溶液浸泡30min。将消毒后的种子用清水洗净，室温清水浸种4h[4]。

---

① 本文作者这里使用拉丁学名有误，应为 *Lagenaria siceraria*，编者校。

1.2.2 种子发芽温度设置 温度设置为恒温23、25、27、29、31℃[5]。

1.2.3 发芽试验 将处理过的种子放入铺有纱布的培养皿中，滴蒸馏水浸湿纱布，盖上培养皿盖，置于不同温度的恒温箱内进行暗培养，每个处理为30粒种子，定期浇水。每天观察种子的萌发情况并进行统计。

2 结果与分析

2.1 不同温度下的种子发芽时间

由表1可知，将种子放在不同的温度下进行发芽培养，种子的日发芽动态有所差异。瓢形葫芦在27℃、29℃恒温培养条件下的种子在第2天开始发芽，而在23℃和31℃恒温培养条件下的种子在第3天开始发芽，25℃恒温培养条件下的种子在第4天才开始发芽。在23℃恒温培养条件下，种子发芽持续集中3d；在27℃、29℃恒温培养条件下，种子发芽分别集中持续5d、4d；在25℃、31℃恒温培养条件下，由于种子萌发数较少，种子的发芽日期比较分散。23℃、27℃、29℃恒温培养条件下，种子日发芽数峰值出现在试验的第4天；25℃培养条件下种子日发芽数峰值出现在试验的第10天，较前3个温度条件晚了6d。27℃、29℃恒温培养条件下，种子日发芽数峰值期的发芽数为6；23℃恒温培养条件下，种子日发芽数峰值期的发芽数为5；31℃恒温培养条件下，种子日发芽数峰值期的发芽数为1。说明在几个温度处理中，27℃、29℃条件下，种子发芽最快、最整齐。细腰形葫芦23℃、27℃恒温培养条件下的种子在第5天开始发芽，25℃、29℃恒温培养条件下的种子分别在第8、7天开始发芽，31℃发芽个数最少，开始发芽的日期最晚。细腰形葫芦发芽率比瓢形葫芦的低，且发芽的日期比较分散。27℃恒温培养条件下，细腰形葫芦种子日发芽数峰值出现在试验的第5天，发芽数为5。23℃恒温培养条件下，细腰形葫芦种子日发芽数峰值出现在试验的第7天，发芽数为3。其他培养条件下，种子日发芽数峰值期的发芽数均为1。

2.2 不同温度下的发芽势和发芽率

由表2可知，瓢形葫芦发芽最多的是在27℃下，发芽的种子数为19，其次是在29℃下，发芽的种子数为13，发芽最少的是在31℃下，发芽的种子数为1；细腰形葫芦发芽最多的是在27℃下，发芽的种子数为10，其次是23℃下，发芽的种子数为9，发芽最少的是在31℃下，发芽的种子数为1。发芽势是指发芽试验中经过一定日数发芽的种子数达到供试种子70%以上的百分数，它是种子生命力强弱的重要指标[6]。试验每个温度条件下有30粒种子，达到发芽势的发芽种子数应为21粒，而在各个发芽温度下发芽的种子数目均未达到发芽势。发芽率指发芽试验中经过一定日数具备发芽力的种子均已发芽，不再出现发芽的种子时，已发芽种子的总数占供试种子的百分数。发芽率是种子播种品质优劣的重要指标[7]。在都没有达到发芽势的条件下，比较瓢形葫芦和细腰形葫芦的发芽率，在同等温度条件下，瓢形葫芦普遍比细腰形葫芦发芽率高，但2种葫芦的发芽率都不是很高。

表1 不同温度下的日发芽动态

Table1 Daily germination dynamics under different temperature

培养时间// d	瓢形葫芦 Ladle-shaped gourd					细腰形葫芦 Slender waist-shaped				
Culture time	23℃	25℃	27℃	29℃	31℃	23℃	25℃	27℃	29℃	31℃
1	0	0	0	0	0	0	0	0	0	0
2	0	0	1	1	0	0	0	0	0	0
3	1	0	3	4	1	0	0	0	0	0
4	5	1	6	6	0	0	0	0	0	0
5	3	1	5	2	0	1	0	5	0	0
6	0	0	3	0	0	0	0	0	0	0
7	2	0	0	0	0	3	0	0	1	0
8	0	0	1	0	0	3	1	1	0	0
9	0	0	0	0	0	0	0	0	0	1
10	0	3	0	0	0	0	1	1	0	0
11	1	0	0	0	0	1	1	2	0	0
12	0	0	0	0	0	1	1	1	0	0
13	0	0	0	0	0	0	1	0	0	0
14	0	0	0	0	0	0	0	0	1	0
15	0	0	0	0	0	0	0	0	0	0

2.3 方差分析

通过方差分析可知，所设不同温度条件和品种间对种子发芽率的影响没有达到显著水平。试验中温度是根据所选试验材料的最适温度段而设定，所选温度不会影响种子的发芽能力，所以各温度下种子的最终发芽率不会有很大差异。同时对于瓢形和细腰形葫芦2个品种而言，种子发芽率的差异也未达到显著水平，说明在23~31℃ 2种葫芦的发芽率差异不大。

表2　不同温度下的发芽情况

Table 2　Germination situation under different temperature

温度℃ Temperature	瓢形葫芦 Ladle-shaped gourd		细腰形葫芦 Slender waist-shaped	
	发芽的种子数 Seed number of germinating	发芽率// % Germination rate	发芽的种子数 Seed number of germinating	发芽率// % Germination rate
23	12	40.0	9	30.0
25	5	16.7	5	16.7
27	19	63.3	10	33.3
29	13	43.3	2	6.7
31	1	3.3	1	3.3

3　讨论

种子萌发并开始生长时，需要将贮藏物质转变成可溶性物质，这些物质的转变都需要水分。种子开始发芽时，必须先吸收大量水分，达到吸胀状态。水可以使种皮变柔软，胚生长时能容易突破种皮；吸水后的种子透氧性增加，呼吸增强，促进种子发芽。所以在播种前，对其进行浸种处理是非常必要的，浸种可以一定程度缩短种子发芽的周期，浸种时间和水温对种子的发芽有很大影响[8-9]。试验采用的是室温浸种，水温过低，发芽率不高。种子发芽率低的原因是有些种子具有坚硬种皮和厚蜡质层，不易吸水膨胀，种子休眠期长，播种后自然条件下发芽持续的时间长，出苗慢或是种胚没有通过后熟，处于休眠期，种胚发育不充分或受伤[10]；有些种子播种后发芽受阻，出苗不整齐，试验中统计种子发芽率低的原因可能是葫芦种子种皮坚硬，发芽持续时间长，也可能是由于贮藏方式不当造成种子生命力下降。

试验中，用来统计的发芽的种子均是正常发芽。有一部分发芽异常产生畸形芽，其生活力已遭到破坏，未统计在发芽种子内。不发芽的种子为丧失生活力的种子，在发芽试验结束时，种仁已吸水膨胀撑破种皮，但并未出现发芽迹象。

4 结论

通过对不同培养温度条件下2种类型葫芦种子的发芽势和发芽率进行对比研究，结果表明，在同等温度条件下，瓢形葫芦普遍比细腰形葫芦发芽率高，但差异不显著，而同种类型葫芦种子在不同温度23℃、25℃、27℃、29℃、31℃培养条件下，发芽率也没有显著差异，其中27℃培养条件下葫芦种子的发芽率最高，但2种葫芦的发芽率都不是很高。

参考文献

[1] 勃尔基. 人的习惯与旧世界栽培植物的起源[M]. 胡先骕译. 北京：科学出版社，1954：43.

[2] 黄上志. 不同成熟度花生胚萌发对子叶中贮藏蛋白质的降解[J]. 植物生理学报，1993，19（3）：257-264.

[3] Bewley J D, Blank M. Seeds physiology of development and germination[M]. New York: Henum Press, 1985: 253-300.

[4] 单吉平. 西瓜播种前如何进行选种和种子消毒处理[J]. 北京农业，2001（3）：11.

[5] 张爱萍. 西瓜和甜瓜的生育特点与栽培[J]. 新疆农民科技，2006（5）：27-28.

[6] 李奇. 不同温度处理对白刺花种子发芽率的影响[J]. 四川林业科技，2004（3）：60-62.

[7] 丁建军，王炬春，王叶筠，等. 高温处理对不同瓜类作物品种种子发芽率的影响[J]. 中国西瓜甜瓜，2004(5)：5-6.

[8] 顾兴芳，封林林，张春震等. 黄瓜低温发芽能力遗传分析[J]. 中国蔬菜，2002(3)：5-7.

[9] 曲文章，曲扬，高妙真.不同浸种处理对甜菜种子发芽率的影响[J]. 中国甜菜糖业，2007(1)：15-19.

[10] 李志清，肖光辉. 浸种时间和水温对无籽西瓜发芽的影响[J]. 湖南农业科学，2001(6)：35-36.

（冯雪、王彬、张国英：《瓢形和细腰形葫芦种子在不同温度下发芽情况比较》，《安徽农业科学》2009年第32期）

茄形葫芦

福尔马林浸种对葫芦种传病害和种子活力的影响

吴国平 毛忠良 姚悦梅 潘跃平 张振超

摘要 福尔马林浸种处理葫芦种传病害的结果表明：同一浸种浓度的处理，随着浸种时间的增加，种子活力呈下降趋势，灭菌效果显著提高；同一浸种时间，随着稀释倍数的增加，种子活力呈上升趋势，灭菌效果呈下降趋势。而依据种子活力和灭菌效果都要达标的要求，选用40%福尔马林溶液稀释300倍液进行48h浸种的效果最佳。

关键词 福尔马林；浸种；种传病害；种子活力；影响

中图分类号 S642.6 **文献标识码** A **文章编号** 1001—8581(2009)08—0101—02

Effects of Formalin Seed-soaking Treatment on Seed-borne Diseases and Seed Vigor of Gourd

Wu Guoping, Mao Zhongliang, Yao Yuemei, Pan Yueping, Zhang Zhenchao

(Zhen jiang Agricultural Science Research Institute in Jiangsu Province, Jurong 212400, China)

Abstract The effects of soaking seeds in formalin solution on seed-borne diseases and seed vigor of gourd were studied. The results indicated that under the condition of the same formalin concentration,when the soaking time increased,the seed vigor decreased,and the sterilization effect was obviously increased; under the condition of the same soaking time, when the concentration of formalin decreased, the seed vigor increased,and the sterilization effect showed a downtrend. In view of both seed vigor and sterilization effect, using 300 times diluted solution of 40% formalin to soak the seeds of gourd for 48 hours was the best.

Keywords Formalin; Soaking seed; Seed-borne disease; Seed vigor; Influence

葫芦（*Lagenaria leucantha* Rusby）原产于印度及非洲，是我国栽培历史悠久的庭园作物，既可食用，又可观赏。近年来，随着嫁接技术的推广和应用，逐步成为重要的砧木材料。因此，国内、外市场对葫芦种子的需求量很大，但葫芦的种传病害，如炭疽病、白粉病、疫病在许多国家是检疫对象，对接穗作物的抗病能力及其品质也有较大的影响[1]。据毛爱军等报道：福尔马林浸种处理对瓜类种传病害炭疽病的灭菌效果好[2]。福尔马林的灭菌原理是使蛋白质凝固而导致病原生物的死亡[3]，因而，灭菌过程不可避免地会对种子活力产生较大的毒害作用，进而表现为影响发芽率和植株的初期生长。

为探讨既能杀死病原体，对种子活力影响又控制在适宜范围内的灭菌方法，我们选用福尔马林浸种处理种传病害，设计了福尔马林浸种处理的浓度和浸种时间两种因素试验。

1　材料与方法

1.1　试验材料　供试材料为镇江瑞繁农艺有限公司繁育的葫芦品种大兵丹。委托方要求种子处理后的质量标准为发芽率大于85%且有较强的发芽势；无种传病害。

1.2　试验方法　设计福尔马林浸种处理浓度和浸种时间2因素试验，在室温条件下，处理浓度（A）：分别用40%福尔马林溶液稀释50、100、150、200、300倍共5个处理，以清水浸种做对照（CK）；浸种时间（B）：设浸种

12、24、48、72h共4个处理。浸种结束后用清水冲洗，晒干，在光照培养箱中，用沙床做发芽试验。

福尔马林浸种处理后，每个水平分别取样，并委托镇江动植物检验局病理分析室做病菌病理的定性分析。福尔马林对种子的毒性检定，用沙床生长7、12d后进行生长情况测定。

2 结果与分析

2.1 福尔马林溶液浸种处理的灭菌效果和对发芽率的影响 从表1可以看出，40%福尔马林溶液稀释50倍液浸种，12、24、48、72h的4个处理在消毒灭菌效果方面都能达到要求，但对发芽率的影响很大，其发芽率分别只有80%、43%、38%、34%，都不能达到种子对发芽率的要求，无实用价值。

40%福尔马林溶液稀释100倍液浸种，12、24、48、72h的4个处理在消毒灭菌效果方面都能达到要求，但对发芽率的影响也很大，其发芽率分别只有78%、57%、48%、38%，不能达到种子对发芽率的要求，无实用价值。

表1 不同浸种时间及浓度处理对发芽率的影响及带菌情况 %

浸种时间(h)	0倍（CK）		50倍		100倍		150倍		200倍		300倍	
	发芽率（%）	病菌有无	发芽率（%）	病菌有无	发芽率（%）	病菌有无	发芽率（%）	病菌有无	发芽率（%）	病菌有无	发芽率（%）	病菌有无
12	93	有	80	无	78	无	83	有	91	有	92	有
24	93	有	43	无	57	无	82	无	88	有	90	有
48	93	有	38	无	48	无	71	无	86	无	88	无
72	92	有	34	无	38	无	68	无	82	无	84	无

40%福尔马林溶液稀释150倍液浸种，12、24、48、72h的4个处理在消毒灭菌效果方面，浸种12h的消毒灭菌效果不能达到要求，其他3个处理都能达到要求。在对发芽率的影响方面，4个处理的发芽率分别只有83%、81%、71%、68%，都不能达到种子对发芽率的要求，无实用价值。

40%福尔马林溶液稀释200倍液浸种，12、24、48、72h的4个处理在消毒灭菌效果方面，浸种12、24h的消毒灭菌效果不能达到要求，其他2个处理都能达到要求。在对发芽率的影响方面，4个处理的发芽率分别为91%、88%、86%、82%，浸种12、24、48h处理的发芽率均达到要求，但浸种72h的不能达到出口种子对发芽率的要求，无实用价值。因此，40%福尔马林溶液稀释200倍浸种48h时，其发芽率和植检指标都能达到标准。

40%福尔马林溶液稀释300倍液浸种，12、24、48、72h的4个处理在消毒灭菌效果方面，浸种12、24h的消毒灭菌效果不能达到要求，其他2个处理都能达到要求。在对发芽率的影响方面，其发芽率分别为92%、90%、88%、84%，浸种12、24、48h处理的发芽率达到要求，浸种72h的处理不能达到种子对发芽率的要求，无实用价值。因此，40%福尔马林溶液稀释300倍液浸种48h的发芽率和植检指标都能达到标准。

发芽率和灭菌效果2项指标都达到要求的只有200倍液、300倍液，浸种48h的2个处理。种子处理时，在达到效果的条件下，尽可能选用低浓度的处理以减少福尔马林对种子的毒害，所以40%福尔马林溶液稀释300倍、浸种48h为最佳的组合。

从处理结果可以看出，同一浸种浓度，灭菌效果随着浸种时间的增加而增加，呈正相关关系，但发芽率随浸种时间的增加呈下降趋势，两者呈负相关关系。同一浸种时间，随着福尔马溶液稀释倍数的增加，浸种的灭菌效果降低，两者呈负相关关系；但对发芽率的影响逐步减小，两者呈正相关关系。

2.2　福尔马林溶液浸种对种子生活力的影响　根据国际种子检验协会（ISTA）的特别注释，用化学药剂处理过的种子，其生活力的测定需要用沙床做生长评判，看是否对种子活力产生影响。

从表2可以看出，40%福尔马林溶液稀释300倍液，分别浸种处理12、24、48、72h后，种子在沙床上生长7d后做生活力测定，其根长分别为6.3、4.1、3.5、2.2cm，对照为9.9cm，各处理仅分别为对照根长的63%、41%、35%、22%；根干重分别为0.12、0.08、0.06、0.05g，对照为0.15g，各处理仅分别为对照根干重的80%、53%、40%、33%。由此可以看出，福尔马林对种子生活力的影响主要表现在生长前期有较强的毒害作用，并且随着浸种时间的增加，对种子生活力的影响也呈加重的趋势。40%福尔马林溶液稀释300倍液，分别浸种处理12、24、48、72h后，种子在沙床上生长12d后做生活力测定，其根长分别为11.6、11.3、10.8、10.5cm，对照为12.1cm，各处理分别为对照根长的96%、93%、89%、87%；根干重分别为0.26、0.25、0.26、0.25g，对照为0.28g，各处理分别为对照根干重的93%、89%、93%、89%。由此可见，福尔马林对种子生活力的影响随着生长期的增加而逐渐减弱，以至基本消失（见表2）。

表2　300倍液浸种处理48h幼苗根生长情况

沙床培养时间（d）		浸种时间（h）				
		CK	12	24	48	72
7	根长（cm）	9.9	6.3	4.1	3.5	2.2
	根干重（g）	0.15	0.12	0.08	0.06	0.05
12	根长（cm）	12.1	11.6	11.3	10.8	10.5
	根干重（g）	0.28	0.26	0.25	0.26	0.25

从表2还可以看出，在沙床做发芽试验生长7d后，福尔马林对种子生活力有较强的毒害作用，随着浸种时间的延长，福尔马林对种子生活力的影响呈加重的趋势。但在沙床做发芽试验12d后，中毒症状不显著，幼苗生长基本正常，这是因为福尔马林对种子生活力的影响主要在生长前期，随着生长发育进程的推进，其中毒症状逐步减轻，直至正常。方差分析表明，福尔马林溶液浸种处理的浓度和时间对葫芦发芽率的毒害都有极显著的影响。但福尔马林属无农药残留、有强烈杀菌效果的非内吸性杀菌剂，可防治多种病害。在实际种子处理时只要多次试验，找到适当的浸种浓度和处理时间，把福尔马林对发芽率的影响控制在一定的范围内，则实际生产中有一定的应用价值（见表3）。

表3　发芽率方差分析结果

变异来源	DF	SS	MS	F	$F_{0.05}$	$F_{0.01}$
浓度（A）	5	6749. 8	1349. 9	18. 5	2. 90	4. 56
时间（B）	3	1418. 2	472. 7	6. 49	3. 29	5. 42
误差	15	1091. 83	72. 8			

3　小结与讨论

福尔马林浸种试验结果表明，同一浸种浓度处理，随着浸种时间的增加，葫芦种子发芽率呈下降趋势，对种传病害的灭菌效果显著提高；同一浸种时间，随着稀释倍数的增加，发芽率呈上升趋势，灭菌效果呈下降趋势。发芽率和灭菌效果2项指标都要达标，则选用40%福尔马林溶液稀释300倍液进行48h的浸种。福尔马林是一种化学性质稳定、有强烈杀菌作用、无残留的非内吸性农药，用于种子处理，可杀死种子内外的多种病菌。

福尔马林虽对种子活力的毒害极显著，但对于葫芦种子等种壳厚的种子，能否在生产上应用，关键在于掌握适宜的浸种浓度及浸种时间。而对于没有种壳的种子及种壳很薄的种子，如何使用福尔马林浸种消毒灭菌还需进行试验研究。

参考文献

[1] 吴国平. 葫芦种传病害的灭菌消毒处理[J]. 西南园艺，2003，31（4）：29.

[2] 毛爱军. 瓜类种子消毒防病技术[J]. 西北园艺：蔬菜，2007，（2）：52.

[3] 刘建敏，董小平. 种子处理科学原理与技术[M]. 北京：中国农业出版社，1995.

（吴国平、毛忠良、姚悦梅、潘跃平、张振超：

《福尔马林浸种对葫芦种传病害和种子活力的影响》，

《江西农业学报》2009年第8期）

两用葫芦栽培技术

李秀舫

日本葫芦又叫葫芦，干瓢，原产于日本，含有大量人体必需的多种维生素。卢龙县今年种植葫芦160亩，对于葫芦果实外形端正美观的，雕刻成各种图案，成熟后用于酒业包装；葫芦果实外观不好看的在幼嫩时切成细条晒成葫芦干，出口到日本、韩国等国家及东南亚地区。每亩预计可收获用于酒业包装的成品葫芦600个，收入6000元，葫芦干500公斤，收入9000元，每亩年可收入1.5万元，扣除投资0.5万元，每亩可获纯收益1.0万元，160亩露地葫芦可带来160万元的收入。现将栽培技术介绍如下：

一　品种选择

中亚腰葫芦，该品种适种性强，喜光，根系发达。果实每株产20—40只，果实用于雕刻及烙画、砑花。果实在幼嫩时可食用，适应性强。

二　栽培技术

1. 育苗

育苗时间3月下旬至4月初。准备三开一凉的水（55℃左右）放入种子搅拌，待温度降至40℃以下后，浸泡12小时，使种子吸足水，捞出种子，用纱布包好，放在温暖处催芽，种子露白头，即可在苗床播种育苗。5月上旬移栽定植到大田。亩株数300株左右。

2. 整地施肥

冬前铺肥深耕，一般亩施优质圈肥4000—5000千克，入春后整平做畦，畦宽2米，两畦间的作业道宽0.6—0.7米，畦高0.1米。

3. 搭架与绑蔓

以拱棚支架为好，有利于通风透光。即选用长7—8米、宽4—5厘米的竹片，两头埋在苗株中间，横跨畦面，形成拱形。再用竹片或竹竿与拱形竹片垂直放在拱形的顶部和两侧，两竹片接触部位用绳或铁丝系牢，加固拱棚。拱棚一定要牢固；因为葫芦根系的再生能力差，若遇风雨倒塌，损失严重。植株甩蔓后，引蔓上架，主蔓1米左右时摘心，促进侧蔓生长。侧蔓见果后，留2片叶摘心。随着植株上架，要及时绑蔓，绑蔓时可将无效蔓及枯黄老叶去掉，以改善植株内部的通风、透光条件。

4. 整枝打杈

在葫芦苗长出7—9片叶时打第一次尖，打尖后在叶腋处很快长出芽，称为子蔓。留2个子蔓，其余菜芽随时打去。子蔓长到1.3米左右进行二次打尖，子蔓叶腋长出的叫孙蔓，每条子蔓留三四个孙蔓，一般孙蔓结瓜，结瓜蔓在瓜后4叶去尖，其余蔓2—4叶打尖。葫芦长到馒头大时注意蹲正。子蔓可用土压一下，以使茎节扎不定根，这样一可防风，二可扩大营养供应。为提高坐瓜率，需进行人工授粉，时间在19：00—20：30进行。

5. 施肥、浇水

当幼苗长到5—7片叶时追肥。在植株附近挖沟或穴，亩施优质腐熟有机肥800—1000千克，配合适量的氮、磷肥，覆土后浇水。开花期一般不浇水，促其顺利坐果，坐果后及时追施氮肥，并浇水。结果期间要保证肥水供应，但水分不宜太大，暴雨后应立即排水。

6. 中耕除草

幼苗期、结果前、结果后需进行中耕除草，要求耕深、耕细、无杂草。

三　病虫防治

葫芦生长期间主要有白粉病、棉铃虫、菜青虫、蚜虫、红蜘蛛等病虫危害。白粉病可以选用0.1—0.2波美度的石硫合剂或50%甲基托布津1000—1500倍液防治；棉铃虫、菜青虫、蚜虫可选用50%辛硫磷1000—2000倍液药剂防治，红蜘蛛选用15%哒螨灵等杀螨类药剂防治。

1. 白粉病

（1）葫芦白粉病症状。主要为害叶片、叶柄。叶片染病，初生稀疏白粉状霉斑，圆形至近圆形或不整形，发病轻的叶片组织产生病变不明显，条件适宜时白粉斑迅速扩展连片或覆满整个叶面，形成浓密的白粉状霉层，致叶片老化、功能下降，叶片干枯而死。

（2）白粉病防治方法。从选用抗病品种和喷药切断病菌来源两方面入手。选用抗病品种。发病初期开始喷洒20%三唑酮（粉锈宁）乳油2000倍液或40%多·硫悬浮剂600倍液、50%硫黄悬浮剂250倍液、2%抗霉菌素（农抗120）水剂200倍液、27%高脂膜乳剂80—100倍液。技术要点是早预防、午前防和喷周到及大水量。对上述杀菌剂产生抗药性的地区，可选用40%福星乳油7000倍液，隔20天1次，连续2次。采收前4天停止用药。

2. 病毒病

（1）病毒病症状。初期叶片上现浓淡不匀的嵌花斑，扩展后呈深绿和浅绿色相间的花叶。病叶小略皱缩或畸形，枝蔓生长停滞，植株矮小。轻病株结瓜还正常，重病株不结瓜或呈畸形状。该病7—9月发生，一般田仅有少数植株染病，重病田病株率可达30%以上。

（2）病毒病防治方法

①适当早播，推广地膜覆盖，促进幼苗快速生长，提高抗病力。

②间苗时发现病苗及时拔除，以减少毒源。打杈摘顶时要注意防止人为传毒。

③注意选择地块。甜瓜、西瓜、西葫芦不宜混种，以免相互传毒。

④采用配方施肥技术，提高抗病力。

⑤发现蚜虫及时喷洒4.5%高效顺反氯氰菊酯乳油2000倍液或50%抗蚜威可湿性粉剂2000—2500倍液。

⑥发病初期开始喷洒20%病毒宁水溶性粉剂500倍液或5%菌毒清水剂500倍液、0.5%抗毒剂1号水剂300倍液、20%毒克星可湿性粉剂500倍液、83增抗剂100倍液。采收前3天停止用药。

3. 葫芦虫害防治

葫芦生长期间主要有棉铃虫、菜青虫、蚜虫、红蜘蛛等病虫危害。棉铃虫、菜青虫、蚜虫可选用50%辛硫磷1000—2000倍等药剂防治，红蜘蛛选用15%哒螨灵等杀螨类药剂防治。栽植环境需通风，增大磷钾肥用量，不偏施氮肥，发现病株病叶及时剪除。

四　范制葫芦

在幼果期，可以根据艺术造型的要求，将绳、木板、石膏模具等器具，束在幼嫩的葫芦上，待葫芦长满成熟后，去掉器具，即可得到人们需要的各种艺术造型的葫芦。

五　采收加工

用作器具的葫芦，当葫芦外皮发黄、茸毛完全消失时便可采摘，干燥后出售，或经浸泡、刮皮、晾晒、彩绘、雕刻、烙印、镶口等工艺后出售。

菜葫芦在细嫩时随时可采摘，一般3公斤左右摘，千万不能让瓜老了再摘，每秧可长3—6个，亩产鲜葫芦1—1.5万斤。加工成条，晾晒后出售。

（李秀舫：《两用葫芦栽培技术》，《河北农业》2014年第12期）

工艺葫芦高效防病栽培技术

刘梦铭 余薇 程娇 李慧敏 李飞飞 刘畅 任爱芝

工艺葫芦具有很高的艺术观赏价值和经济价值，作为山东省“葫芦艺术之乡”的聊城东昌府堂邑镇，种植面积达3000余亩，亩效益过万元，葫芦雕刻艺术更是闻名遐迩，产品远销欧美、东南亚等地及我国港澳台地区，年产值超过3亿元，已成为带动东昌府区经济发展的主导产业之一。近几年因多年连作造成病虫害发生严重，成为其高效益栽培的重要制约因子，为此，我们试验研究摸索出一套高效抗病栽培技术以供参考应用。

1 防病栽培技术要点

1.1 培育壮苗

选择籽粒饱满的种子播种。由于观赏葫芦种子的种皮较厚，吸水性差，播种前应先用45℃温水浸泡半小时，然后用清水冲洗掉表面黏液及杂屑，继续浸泡48小时，中间换两次水，使种子充分吸水。置于25℃温箱中催芽，待种子露白时播种。将种子尖端朝下插入营养钵中，播完后覆土1.0~1.5厘米，同时喷药，用恶霉灵3000~4000倍液喷洒，防止烂芽和烂根。出苗后喷洒10%吡虫啉2000倍液，每周1次，预防蚜虫危害。当小苗的叶片相互接触时，移动，增加间距，避免徒长。株高15厘米时定植。

1.2 施足底肥

观赏葫芦根系发达，生长期长，耐肥力强，要施足基肥，一般每亩

（667平方米，下同） 施农家肥2000千克、花生麸200千克、磷肥60千克作底肥。连作田增施生物有机肥，可改善土壤微生态环境，促进根系生长，提高抗病能力。葫芦在栽培上可压蔓，以促进产生不定根，扩大吸收面积，使养分和水分更好地被吸收。

1.3 起垄

宽、窄垄栽培，大垄间3米，小垄间1.5米，垄高20厘米，宽30厘米，大垄间搭架，小垄为过道，架下两垄中间挖20厘米深、50厘米宽的排水沟，株距2米，每亩定植600株左右。定植前打除草剂并覆盖黑色地膜，用打孔器在垄上打孔，脱去营养钵，带坨植入，然后浇透水。

1.4 整枝打杈

平棚栽培棚高2.0~2.5米。作为观赏用种植，要留足空间，供植株生长，一般每株小葫芦需棚架面积约1平方米。植株要及时打顶，当主蔓长到50厘米左右时摘心，促使子蔓抽生，留第1或第2侧枝，在子蔓长到25厘米时，再摘心。

2 病虫防治

2.1 葫芦病虫害主要种类

2.1.1 炭疽病 在苗期、成株期都可发病。发病初期病斑为淡黄色、近圆形，后病斑中央破裂。严重时叶片枯死，叶柄出现淡褐色条斑；果实染病呈淡绿色水渍状，后出现中间凹陷近圆形深褐色病斑，有时可见表面溢出橙色黏稠物或腐烂，造成很大经济损失。

2.1.2 枯萎病 侵害根部和茎蔓基部，叶片严重萎蔫，开花结瓜后病初外观似缺水状，中午明显萎蔫，早晚尚能恢复；根部变褐或腐烂，患部溢出琥珀色胶状物。

2.1.3 白粉病 主要为害叶片。叶片表面布满白色粉状物，严重时叶片枯死，植株早衰，结瓜量减少，影响果实膨大和成品率。

2.1.4 病毒 主要为害新叶和嫩瓜。叶片呈花叶，不能展开，茎蔓伸长受到限制，开花结瓜量明显减少，受害葫芦小且畸形，质量下降。

2.1.5 棉铃虫 主要为害果实，幼果被棉铃虫爬过留痕，商品性降低，钻蛀后在瓜表面留下孔洞，无法出售。

2.1.6 瓜蚜 主要为害瓜的嫩尖，使其卷曲，影响茎蔓生长，叶片和瓜表面蚜虫排泄物大量滋生霉菌形成霉污影响光合作用，影响果实膨大，结瓜质量下降，同时还可传播病毒病。

2. 2 病虫害防治方法

2.2.1 及时剪除病果、虫果和畸形果，减少营养消耗，控制病害侵染源，保护健果，提高成品率。

2.2.2 套袋保护 果实套袋前喷洒保护性杀菌剂，如喷洒50%代森锰锌600倍液和5%氟虫腈1000倍液，可避免炭疽病菌侵染和棉铃虫为害，对提高葫芦产品质量效果显著。

2.2.3 7月中下旬雨季来临之前，喷洒50%代森锰锌600倍液和25%乙嘧酚磺酸酯FS 400倍液，预防白粉病；结果后期喷洒40%咪鲜胺EW 100倍液和5%甲氨基苯甲酸盐ME 200倍液，二者混合，每隔15天喷1次，共喷2次，可有效控制炭疽病和棉铃虫与烟青虫的发生与危害。

（刘梦铭、余薇、程娇、李慧敏、李飞飞、刘畅、任爱芝：《工艺葫芦高效防病栽培技术》，《特种经济动植物》2016年第1期）

亚腰葫芦

手捻小葫芦的栽培及艺术加工

张吉通

手捻小葫芦是一年生藤蔓草本植物，为葫芦科属里的矮小变种。株高1.5米，侧蔓多而长，小叶掌状，果深绿色，花白色，雌雄同株异花，易坐果。果实上小、下大、中间细，呈“8”字形，果实多数高3～4厘米，最大5厘米、最小1厘米，因其个小适合在手中把玩捻搓，故称手捻小葫芦。其棵矮蔓短适宜盆栽，盆栽每棵结果50～80个,地栽每棵结果150～300个。幼果绿色，脆嫩多汁，可汤炒凉拌、蜜饯酱炙、糖醋腌渍等，无污染、无毒副作用。成熟果金黄色，皮厚，木质坚韧细腻，适宜雕刻绘画作诗等工艺加工。此外，手捻搓小葫芦还有舒筋活血之功效。

一　栽培管理

1. 环境要求

手捻小葫芦对土质要求不严，我国南北地区均可种植，在肥沃的沙性壤土种植为好。喜温暖、光照，抗逆性强，适应性广，耐旱，怕冻。最佳生长温度为15～30℃，成苗可耐短期3～5℃低温，盛夏可耐受42～45℃高温，长期0℃以下即受冻枯死。

2. 播种育苗

可在春、夏和早秋播种露地栽培，或在冬季保护栽培。南方地区在3

月、北方地区在4月下旬至6月露天直播，早春也可提早20天用塑棚保温育苗。种子埋深0.5厘米，浇透水，以后见干再浇。播种后7天出苗。

3. 种植管理

栽苗后20多天开花结果，全生育期120～150天。盆栽选用25厘米口径的盆，每盆栽1棵；地栽株行距2.5～3米。早期修剪成每棵1条蔓向上生长，长至1.5米打尖平顶，使主蔓分生多条侧蔓向四周生长。提前用竹竿木棍等搭架，架高1.8～2米、宽与长为2.5～3米，或依靠篱笆、围墙生长均可。见干浇水，多雨时排水防涝，平时远离苗根埋施氮、磷、钾多元素肥料或腐熟的禽畜粪肥等，少量多次。

4. 病虫害防治

多雨季节叶子易染霜霉病，可用1∶1000倍的“多菌灵”或“托布津”药液喷叶（城郊农药门市部有售），每7天1次，连喷3次即可。叶上有蚜虫或菜青虫为害，可用1：50倍的烟草或辣椒干浸泡液喷叶杀虫。

二　采收和留种及注意事项

晚秋落叶，蔓干，葫芦变黄时采收。带少部分蒂蔓剪回，晒干留作加工用。留种的剥出种粒（每个葫芦里有种子20～30粒），晒干，在干燥阴凉处存放，种子发芽年限为4～5年。留种的小葫芦在种植时要远离其他葫芦品种，间隔距离500～1000米，以防窜花影响种子纯度。

三　艺术加工

将晒干的带蒂蔓（即龙头）的葫芦用开水煮30分钟；煮时锅里加少量骨胶，5千克水加50克骨胶，再加15克橘黄色和4克大红色颜料（化工门市部和文具店有售），煮成金黄色，煮后捞出晾干，用棉布擦拭磨光，再进一步加工。

1. 用毛笔蘸墨汁或彩色颜料题诗，如万事如意、美满幸福等；作画，如山水花鸟、人物仕女等。

2. 用针刺划写字画后在划痕上染墨涂彩。

3. 用刀刻字作画。刻刀可用废钢锯条磨制。

4. 用烙铁烫字烫画。可用五金商店出售的电工用小电烙铁，每个10元左右。

5. 镶嵌立体饰物，可镶嵌仿制蓝宝石、红玛瑙、绿翡翠等或鱼鸟禽兽人物等（1元店及工艺品店有售）。从煮锅里捞出，晾干水分，葫芦软化时，蘸快干胶将饰物压入葫芦里，葫芦面下压入1/3、面上凸显2/3，有明显的立体感。

6. 加饰夜光粉和金银色，使夜晚荧光闪闪，白天金光夺目。所用材料有荧光粉、金粉、银粉，化工门市部及文具店均有售。用稀胶水将粉调合成液体用毛笔蘸写字或画成日、月、星星、彩虹等。

7. 最后在葫芦上涂一层透明的清漆（油漆化工门市部有售），将整个葫芦在清漆桶里一蘸即可，晾干。使其光滑明亮、久不褪色。

8. 绑彩色飘带或毛线、红彩结，系红穗子（工艺品商店有）。1~2个一绑，送给情人表示“一心一意”“成双成对”；5个一绑送给亲友表示“五福临门”。

艺术加工的手捻小葫芦造价低售价高，集市或工艺品店一般每个售几十元至几百元，高级品每个售千元以上。馈赠亲友、敬奉尊长，室内柜台案桌摆放均可；高级典雅，珍贵时尚，陶冶情操，传递文化，使人们爱不释手。

（张吉通：《手捻小葫芦的栽培及艺术加工》，
《农村新技术》2015年第1期）

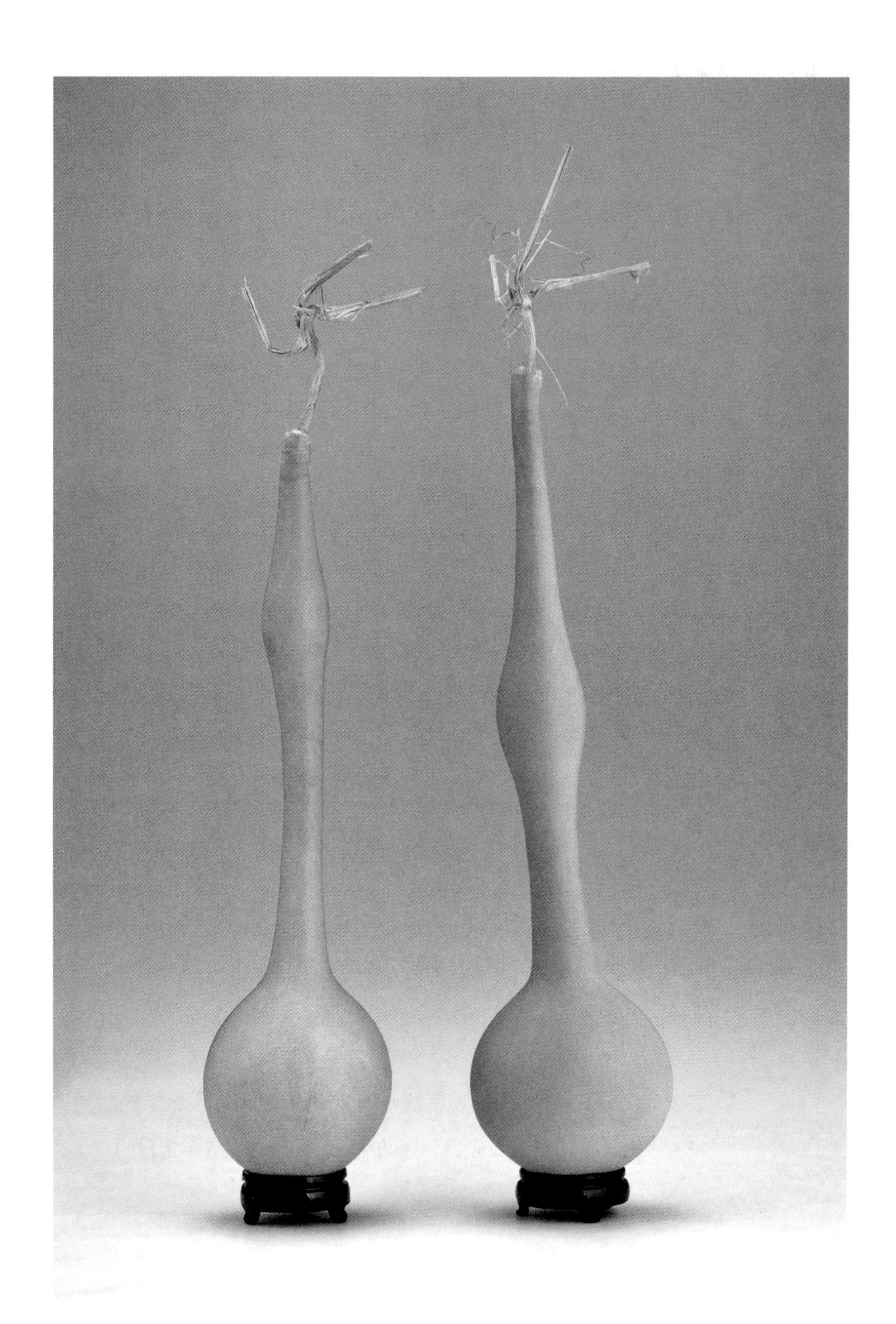

油锤葫芦

字画葫芦自然生成法

李韶华

世人喜爱葫芦，因而用雕刻、写绘、上漆、粘结、填充等手段，将葫芦制成各种工艺品。但大都是以离藤脱蔓的干葫芦作材料制成的。其实将未摘的生葫芦自然做成葫芦工艺品的方法更妙，现介绍如下。

1. 字画载体制作。把字画写或画在透光的塑料膜上或用不透光的纸剪成。将做好的字画载体套装或粘贴在葫芦上，即可达到局部遮光形成字画的目的。写绘字画的塑料薄膜可制成筒或片状。

2. 字画设计。字画设计要求笔画粗实、画面简洁。视葫芦大小可设计福、禄、寿、喜等单字，或十二生肖及花、鸟、虫、鱼等动植物图案。还可根据各种喜庆纪念写绘，如建市50周年，到某地一游、庆祝某会在某地举行等。字画宜用黑色写绘，不宜用紫、蓝、青三色。因为此三色可分别透过紫、蓝、青光,使葫芦形成花青素，从而使之杂色，影响字画清晰度。

3. 字画载体用法。待葫芦生长至体积最大时，及时套装或粘贴字画载体。载体上的字画套装要粘贴于葫芦向光面，每个葫芦均要选用大小相宜的载体，筒状载体套上后，要用线把结口与瓜柄一起扎紧，以防雨水进入。片状载体要用胶带粘贴牢固，剪纸可直接粘贴在葫芦上。当葫芦成熟时，可和载体一起采收，销售或送礼时揭去载体，字画便显露出来。

4. 字画葫芦销售。生产者或经销者，可把字画瓜果组合排列成祝颂词或吉祥画面拍照，持照片和样品到饭店、超市、批发部、会议场所及喜庆家庭进行推销，签订供销合同。要根据社会上对字画葫芦的不同需求，不断改进字画设计，有计划地生产与销售，以期获得最佳效益。

（李韶华：《字画葫芦自然生成法》，
《农村新技术》2006年第6期）

后 记

本卷为《葫芦文化丛书》的植物分卷，受曲阜师范大学国家级现代生物学虚拟仿真实验中心建设项目的资助，旨在从植物学的角度展示葫芦，为国内同行更深入地研究葫芦以及为葫芦栽培者和爱好者更好地了解葫芦提供基础资料和交流平台。

全卷首先由包颖、赵银刚、江鹏飞主笔，从葫芦的植物学分类和形态差异、葫芦的原产地和驯化、葫芦的种植及加工以及葫芦拓展研究及其研究平台构建等方面对葫芦的植物特点、栽培管理和研究等情况进行了总体概述。文献资料选编部分，收录了国内记述葫芦属种形态学特征的主要植物志资料15篇，其他与葫芦品种、化学组成、栽培和加工等有关的文献10篇。全书照片由董少伟、江鹏飞、王国伟和赵建国提供。

鉴于本卷的编写旨在交流和学习，而非以营利为目的，因此在此我们声明，所有收录论文，我们严格尊重原作者和出版单位的版权，如需引用请注明原文作者及论文出处。

《植物卷》在编写和收录过程当中，得到了葫芦种植专家、民间艺人、摄影师、葫芦爱好者等社会各界人士的大力支持和帮助。叶涛、张从军、林桂榛诸先生给予了切中肯綮的指导和建议；扈鲁、问墨、刘显珍、赵建国、董少伟、王涛诸先生给予了无微不至的关爱和鼓励；刘永、赵银刚、江鹏飞、吴秀德等同仁以及秦宗燕、梅玉芹、张霞、张志伟、王倩、刘洪岩、徐欣、黄宁、吴贺等同学在编写、收集资料以及联系作者等方面牺牲了大量宝贵的休息时间，付出艰辛的劳动。在此，我向大家表示衷心的感谢。

由于编者水平有限，纰漏谬误和收录偏颇之处在所难免，恳请方家指正！

包颖

2018年7月于曲园